“十一五”国家重点图书出版规划项目

数学文化小丛书

李大潜　主编

二战时期密码决战中的数学故事

王善平　张奠宙

高等教育出版社·北京

图书在版编目（CIP）数据

二战时期密码决战中的数学故事 / 王善平，张莫宙.
—北京：高等教育出版社，2008.2（2024.1重印）
（数学文化小丛书 / 李大潜主编）
ISBN 978-7-04-022991-2

Ⅰ. 二… Ⅱ. ①王… ②张… Ⅲ. ①数学 - 通俗读物
②第二次世界大战（1939—1945）- 通俗读物
Ⅳ. O1-49 K152-49

中国版本图书馆 CIP 数据核字（2007）第 203355 号

项目策划 李艳馥 李 蕊

策划编辑 李 蕊 责任编辑 崔梅萍 封面设计 王凌波
责任绘图 杜晓丹 版式设计 王艳红 责任校对 俞声佳
责任印制 田 甜

出版发行	高等教育出版社	咨询电话	400-810-0598
社 址	北京市西城区德外大街4号	网 址	http://www.hep.edu.cn http://www.hep.com.cn
邮政编码	100120	网上订购	http://www.landraco.com http://www.landraco.com.cn
印 刷	中煤（北京）印务有限公司		
开 本	787×960 1/32		
印 张	4	版 次	2008年2月第1版
字 数	71 000	印 次	2024年1月第25次印刷
购书热线	010-58581118	定 价	10.00 元

本书如有缺页、倒页、脱页等质量问题，请到所购图书销售部门联系调换。

物 料 号 22991-00

数学文化小丛书编委会

数学文化小丛书总序

整个数学的发展史是和人类物质文明和精神文明的发展史交融在一起的。数学不仅是一种精确的语言和工具、一门博大精深并应用广泛的科学，而且更是一种先进的文化。它在人类文明的进程中一直起着积极的推动作用，是人类文明的一个重要支柱。

要学好数学，不等于拼命做习题、背公式，而是要着重领会数学的思想方法和精神实质，了解数学在人类文明发展中所起的关键作用，自觉地接受数学文化的熏陶。只有这样，才能从根本上体现素质教育的要求，并为全民族思想文化素质的提高夯实基础。

鉴于目前充分认识到这一点的人还不多，更远未引起各方面足够的重视，很有必要在较大的范围内大力进行宣传、引导工作。本丛书正是在这样的背景下，本着弘扬和普及数学文化的宗旨而编辑出版的。

为了使包括中学生在内的广大读者都能有所收益，本丛书将着力精选那些对人类文明的发展起过重要作用、在深化人类对世界的认识或推动人类对世界的改造方面有某种里程碑意义的主题，由学有专长的学者执笔，抓住主要的线索和本质的内容，由浅入深并简明生动地向读者介绍数学文化的丰富内涵、数学文化史诗中一些重要的篇章以及古今中外一些著名数学家的优秀品质及历史功绩等内容。每个专题篇幅不长，并相对独立，以易于阅读、便于携带且尽可能降低书价为原则，有的专题单独成册，有些专题则联合成册。

希望广大读者能通过阅读这套丛书，走近数学、品味数学和理解数学，充分感受数学文化的魅力和作用，进一步打开视野、启迪心智，在今后的学习与工作中取得更出色的成绩。

李大潜

2005年12月

目　　录

法西斯的阴霾笼罩着数学界

1931 年, 日本帝国主义制造“九一八”事变, 侵占中国东北三省, 是为第二次世界大战的肇始. 接着, 希特勒于 1933 年就任德国总理, 法西斯阴霾笼罩着德国、奥地利乃至整个欧洲. 数学界和全世界人民一样, 面临一场战争的浩劫. 以希尔伯特为代表的德国格丁根学派终于解体, 大批欧洲数学家移民海外或逃亡异乡, 世界数学中心移往美国的普林斯顿.

一、希特勒排犹狂潮葬送了德国数学

格丁根——德国的一座小城（图 1）. 这里是数学大师高斯、黎曼工作过的地方. 19 世纪和 20 世纪之交, 著名的几何学家 F · 克莱因（Felix Klein, 1849—1925, 图 2）和 D · 希尔伯特（David Hilbert, 1862—1943, 图 3）掌管格丁根的数学系. 他们的目标是超过法国的巴黎, 成为世界数学中心. 克莱因于 1872 年发表的《爱尔兰根纲领》, 用运动群对几何学进行分类, 是一件划时代的经典文献. 希尔伯特是旷世数学全才. 他发表《数论报告》, 开创了类域论. 1898 年推出《几何基础》, 将几何学置于绝对严格的基础之上, 并创立了形式主义的数学哲学. 希尔伯特空间的名称, 表明他是无限维数学——泛函分析学科的创始人. 以希尔伯特名字命名的定理、思想方法、名词术语难以计数. 还有人说, 希尔伯特早于爱因斯坦发现了广义相对论. 当 1900 年希尔伯特在巴黎的国际数学家大会上发表“23 个数学问题”演讲的时候, 世界数学的目光已经投向格丁根. 正如伊斯兰信徒到麦加朝圣, 打起背包到格丁根去, 成为许多数学家的梦想.

图 1　格丁根城街景

克莱因仪态高贵, 魁梧威严. 他是“云端的神”, 和他谈话必须预约, 包括他的女儿在内. 他讲课井然有序, 黑板上的字从来不用擦掉. 讲课结束时, 黑板上的字都在预先设定的适当的小方框里, 恰到好处. 克莱因夫人是德国大哲学家黑格尔的孙女, 同样不善言谈, 难以交流. 总而言之, 克莱因给人的印象是严肃、严肃、再严肃. 但是克莱因十分钟爱自己的学生, 长时间地和他们谈话, “像施舍财富的国王那样把自己的思想赏赐给他们”.

图 2　F · 克莱因

图 3　D · 希尔伯特

希尔伯特则不同. 他被看做创造奇迹的英雄, 并且和他接近没有任何困难. 一位当时的二年级学生布卢门塔尔 (Ludwig Otto Blumenthal, 1876—1944) 这样形容希尔伯特:“中等个儿, 动作敏捷, 说话谦逊, 蓄着淡红胡须, 看上去不像一个教授”. 他上课毫不修饰, 经常重复, 使得每个人都能听懂. 课上充满了精彩的观点, 耐人寻味. 讲到中途, 会突然按照自己的新想法讲下去. 于是细节往往出错, 有时难免会吊在黑板上. 看看一个伟大的数学家如何即兴地思考问题, 也许是更大的收获.

格丁根的另一位数学名家是闵可夫斯基，他为爱因斯坦的四维时空提供了数学框架，世称闵可夫斯基几何．他第一次到格丁根时发表了如下的感想："一个人哪怕只是在格丁根作短暂的停留，呼吸一下那里的空气，都会产生强烈的工作欲望．"

20 世纪初的格丁根，数学大家云集，是名副其实的数学家摇篮．其中包括：

- 希尔伯特的接班人 H·外尔（Hermann Weyl, 1885—1955, 图 4），他是通晓全部数学的最后一人．
- 希尔伯特的助教冯·诺伊曼（von Neumann, 1903—1957），创新数学大师，提出的计算机方案沿用至今，深刻地影响了人类文明进程．
- 才冠群雄的女数学家 E·诺特（Emmy Noether, 1882—1935, 图 5），抽象代数的奠基人．

图 4　H·外尔

图 5　E·诺特

• 应用数学大家 R·柯朗 (Richard Courant, 1888—1972), 曾经主持过格丁根数学系的工作.

• 在数学教科书上可以看到的名字, 如策梅洛集合公理、阿廷代数、佩龙积分、列维方程、黑利选取原理、布拉施克乘积、诺伊格鲍尔的巴比伦泥版破译等, 都出自格丁根.

• 在格丁根学习的外国学生不计其数, 其中有匈牙利的波利亚、日本的高木贞治、荷兰的弗赖登塔尔以及中国的曾炯之、朱公谨、魏嗣銮.

1933 年的那个黑色的春天, 把这一切都断送了. 在希特勒法西斯的摧残下, 世界数学中心毁于一旦.

1933 年 1 月 30 日, 纳粹头子希特勒上台, 当上了总理. 褐色的纳粹军服, 象征法西斯的字徽, 出现在格丁根校园里. 希特勒一上台, 就狂热地鼓吹种族主义, 煽动德意志民族主义情绪, 疯狂排犹. 官方宣布在 4 月 1 日组织全国性的排犹活动. 大物理学家爱因斯坦是犹太人, 发表声明谴责希特勒. 3 月 29 日柏林政府下令吊销 "普鲁士科学院院士、威廉大帝物理研究所所长爱因斯坦" 的 "普鲁士公民身份". 美国正在筹办普林斯顿高级研究所, 爱因斯坦迅即离开柏林, 启程去美国.

4 月开始 "非暴力排犹活动", 报刊上一片反犹叫器. 4 月 26 日, 地方报纸上刊登了一项通告, 命令 6 个犹太裔教授必须离开格丁根, 其中包括伟大的女数学家 E·诺特. 诺特曾经到苏联访问, 留下了深刻的印象. 于是, 她写信给苏联的 P·C·亚历山大洛夫, 表示愿意到苏联. 亚历山大洛夫写信给苏联的人民委员会, 要求聘请诺特到莫斯科大学任教授. 然而, 人民委员会的决定通常是极其缓慢的. 光阴流逝, 诺特不得已去了美国. 1935 年, 诺特不幸死于外科手术.

7 月, 德国政府正式颁布法律, 要求把犹太人从国家雇员中清除出去. 大学教授是国家聘的, 因此, 所有犹太裔的教授必须离开格丁根的校园. 但是希尔伯特仍然一如既往, 像一个园丁, 把采集的花束送给犹太籍学者. 他说:"德国人民用不了很长时间就会认识希特勒的真面目, 然后把他的脑袋丢进厕所!" 当然, 事情远没有希尔伯特想象的那样简单.

当时, 格丁根大学数学系的主持人是 R·柯朗. 4 月初, 柯朗正在外地访问, 7 月返回格丁根. 他是地道的犹太人, 不过, 柯朗仍存有一线希望. 因为在第一次世界大战时, 他曾在德国军队中服役四年半, 这也许可以使三代世居德国的柯朗幸免于难. 他实在舍不得离开自己一手创建起来的格丁根数学研究所!

格丁根是一个有民主传统的学府. 在高斯的年代, 就曾有七位教授抗议废除自由宪法的事件. 这一次, 曾获诺贝尔物理学奖的弗兰克 (James Franck, 1882—1964)、柯朗和玻恩 (Max Born, 1882—1970) 三人准备写信发表意见. 弗兰克先写了一封信给学校当局. 信中写道:

> "我们犹太裔的德国人被当作我们祖国的外国人和敌人. 我们的孩子必须在证明自己不是德国人的信念中长大. 但是, 他

们曾在战争中作战, 应该允许他们继续为
国家服务.”

在第一次大战中打过仗的弗兰克确信自己能在德国继续做科学工作. 但是, 随之而来的是更沉重的打击: 指责弗兰克为敌人的反德宣传提供材料. 柯朗、玻恩则被说成是弗兰克的同谋, 舆论造得越来越厉害. 接着, 包括柯朗在内的犹太裔格丁根教授在得到通知后必须离开校园, 形势十分严重. 柯朗的学生和朋友弗里德里希斯等决定帮助柯朗. 他们起草了一份挽留柯朗的请愿书. 在上面签名的有阿廷、布拉施克、卡拉西奥多里、哈塞、海森堡、希尔伯特、普朗克、薛定谔、范·德·瓦尔登和外尔等, 总共 28 人.

这一强大的阵容并没有使纳粹的迫害有所缓和. 身为犹太人的柯朗感慨地说:“连爱因斯坦都不能把自己当德国人, 何况于我!” 柯朗只得走了.

一部分数学家加入纳粹, 拥护“国家社会主义”, 鼓吹“法西斯种族主义”, 代表人物是比伯巴赫 (Ludwig Bieberbach, 1886—1982, 图 6). 他是颇有建树的函数论学者, 尤以提出“比伯巴赫猜想”著称(1984 年此猜想被布朗基 (Louis de Branges, 1932—) 解决). 他身穿纳粹党卫军的制服上课, 课前行法西斯军礼, 右手向前上方伸直, 高喊“希特勒万岁”. 他把种族主义运用到数学领域, 提出“德意志数学”的口号, 声称“抽象的犹太思想家把数学搞成智力游戏, 必须把它从德国校园中清除出去”.

其实, 他自己从事的复变函数论也十分抽象, 只不过不同于“抽象代数”“拓扑学”“泛函分析”那样的抽象罢了.

图 6　比伯巴赫

“德意志数学”是一个荒唐的名称. 比伯巴赫认为雅利安人和犹太人在数学创造风格上有巨大差异. 于是, 数学家必须查祖宗三代家谱, 才能确定是否是真正的雅利安人. 因为“克莱因”被列为犹太百科全书的一个姓, 于是已去世的 F・克莱因也得彻底查, 最后确认“克莱因是伟大的德国数学家”. 希尔伯特也不例外. 有人怀疑: 希尔伯特的名字叫大卫 (David), 有犹太人的嫌疑. 结果希尔伯特不得不写自传来证明“大卫”确实是一个合理的名字, 才算完事. 有人说, 在格丁根有一位雅利安人数学家, 流的是犹太人的血, 这就是希尔伯特. 确实, 希尔伯特生病时, 犹太裔的柯朗曾为他输过血.

1938 年, 希尔伯特在家里举行最后一次生日宴会, 只有几个旧时的学生、老朋友来吃午饭. 1910 年的格丁根大学博士赫克 (Erich Hecke, 1887—1947) 从汉堡来, 1904 年的格丁根大学博士卡拉西奥多里 (Constantin Carathéodory, 1873—1950) 从慕尼黑来, 1920 年的格丁根大学博士西格尔还留在格丁根数学研究所. 为希尔伯特编文集的布卢门塔尔 1898 年在格丁根大学获博士学位, 1924 年曾任德国数学家协会主席, 当时任亚琛大学教授, 也赶来参加. 希尔伯特问布卢门塔尔教什么课, 布卢门塔尔说:"不允许我教任何课了." 希尔伯特生气地说:"谁也无权撤一名教授的职, 除非他犯了罪, 你们为什么不向法院起诉?" 大家无法向希尔伯特讲清楚.

布卢门塔尔于 1939 年被迫去了荷兰, 1944 年被德国盖世太保杀害. 西格尔于 1940 年到挪威, 然后去了美国的普林斯顿. 1939 年, 希尔伯特请年轻的逻辑学家根岑做他的私人助手, 但不久这个助手也被迫离开了格丁根. 朋友一个个离开, 希尔伯特完全孤立起来. 1942 年的 80 寿辰, 没有举行聚会, 但像往常一样有一篇祝词送来, 在历数希尔伯特一生经历的时候, 没有提到任何犹太数学家的名字, 连为希尔伯特写传记的布卢门塔尔也只作为"传记作者"而间接提到.

总之, 格丁根的战时情景, 一切都是灰暗的.

1943 年 2 月 14 日, 希尔伯特与世长辞. 只有十来个人出席了葬礼. 希尔伯特最早的学生之一, 物理学家、数学家索默费尔德 (Arnold Wilhelm Sommerfeld, 1868—1951）从慕尼黑来, 站在灵柩前致了悼词. 卡拉西奥多里因病不能来, 在唁函中说:“您使我们所有的人, 都在思考您教我们思考的问题.”

希尔伯特葬于河边的墓地, F · 克莱因也葬在那里. 墓碑上仅有名字和日期.

外尔在纽约读到一则发自伯尔尼的报道, 知道了希尔伯特去世的消息. 他在给闵可夫斯基遗孀（跟女儿住在波士顿）的信中这样写道:

“希尔伯特去世的报道, 又一次勾起我对昔日格丁根的回想. 我非常幸运, 因为我是在最美好的年代里成长起来的. 那时, 希尔伯特和您的丈夫在他们的全盛时期. 我相信, 他们两位对整整一代学生所产生的如此强大和神奇的影响, 在数学史上是罕见的. 这是一段美妙而短暂的时光. 今天, 没有一事一地能拿来与它比较……”

格丁根, 只剩下历史的记忆.

图 7　格丁根数学研究所外景

二、新的世界数学中心：普林斯顿

希特勒法西斯的阴霾, 遮去了格丁根的数学光环, 美国的普林斯顿成为新的世界数学中心.

普林斯顿（Princeton）是美国新泽西州的一个小镇, 周围风光旖旎, 恬静安适, 一片田园风光. 距纽约仅 80 千米, 搭火车 44 分钟可抵纽约曼哈顿中城, 自备汽车进城就更加方便.

镇上有一座著名的学府——普林斯顿大学（图 8）, 建于 1746 年. 不过, 普林斯顿之闻名, 更得力于在 20 世纪 30 年代成立的普林斯顿高级研究所（Insitute for Advanced Study, 简称IAS）, 而 IAS 成立之初, 仅有一个数学研究所.

图 8　普林斯顿大学

正是这个只有 6 名正式成员的数学研究机构, 赢得了举世瞩目, 成为长盛不衰的世界数学中心.

约在 1930 年, 有两位客人造访美国教育家富莱

斯纳 (Abraham Flexner, 1866—1959, 图 9), 他们受富有的捐赠者班伯格 (Louis Bamberger, 1855—1944, 图 10) 和他的姐姐富德夫人 (Mrs. Felix Fuld, 婚前名 Caroline Bamberger) 的委托, 请富莱斯纳帮助在纽约近旁的纽瓦克 (Newark) 创立一所医学院. 班伯格是 1910 年代美国著名的商业机构班伯格公司的老板, 资产总值达 2200 万美元. 1929 年, 他因年事已高, 遂将公司的股份卖给梅西 (R. H. Macy), 退居二线, 仅担任管理咨询, 而所得款项的一部分, 即用于设立研究院. 梅西经营的梅西百货公司, 至今仍是有名的零售商业公司. 每年感恩节的梅西大游行, 纽约万人空巷, 为美国冬日一景.

图 9　A · 富莱斯纳

图 10　IAS 的原始捐赠者班伯格

富莱斯纳直率地告诉两位客人, 纽约地区的医学院已足够, 没有必要再设了. 他建议捐赠者设立一个高级研究院, 其中的研究人员可

以自由地创造和独立地从事研究工作，以提高美国科学在世界上的地位. 可以先建立数学研究所，理由是:

(1) 数学是基础学科；

(2) 它要求的投资比较少；

(3) 他本人和数学界的接触比其他基础学科要多.

富莱斯纳接下来要做的关键事情便是聘请研究人员. 他的好友、美国数学界的领袖人物 O · 维布伦 (Oswald Veblen, 1880—1960, 图 11) 就在普林斯顿，所以是第一个受聘的研究员.

图 11　O · 维布伦

希特勒的法西斯暴行，迫使大批欧洲科学家移居美国. 他们中多数是犹太人，或者配偶是犹太人. 最著名的有爱因斯坦、冯 · 诺伊曼、外尔、冯 · 卡门、柯朗等人. 于是, 富莱斯纳为招聘之事专门到欧洲去和许多数学大家进行接洽.

最大的目标当然是爱因斯坦. 1933 年 3 月 29 日, 柏林政府下令吊销 “普鲁士科学院院士、威廉大帝物理研究所所长爱因斯坦” 的 “普鲁士公民身份”, 经过接触商谈, 爱因斯坦原则上同意到普林斯顿, 但他同时又接受了法兰西学院和马德里大学的邀请. 经过普林斯顿方面的努力, 爱因斯坦终于在 1933 年 10 月 17 日到达美国.

图 12　爱因斯坦和奥本海默

第三位人选在德国的外尔和英国的哈代中挑选. 明显地, 哈代不会离开剑桥, 所以外尔便是主要邀请对象. 外尔起初还有些犹豫, 但希特勒的排犹浪潮日益升级, 外尔自己虽是日耳曼人, 但他的太太有犹太血统, 所以在 1934 年 1 月也赶紧抵达普林斯顿.

富莱斯纳和艾森哈特曾有协议, 要在普林斯顿大学数学系的以下两位杰出拓扑学家中挑选一名：亚历山大（James Waddell Alexander, 1888—1971, 图 14）和莱夫谢茨, 因为他们两人都希望到研究所来工作. 结果亚历山大被选中.

图 13　H · 外尔

接着, 还想从欧洲聘请一位. 许多人推荐冯 · 诺伊曼（图 15）, 但他那时已从欧洲来到普林斯顿大学任访问学者, 富莱斯纳不希望研究所里有过多的来自普林斯顿大学的人员, 所以不想聘请冯 · 诺伊曼. 但是, 外尔十分坚持, 认为冯 · 诺伊曼是不可多得的人才. 于是, 年仅 26 岁的冯 · 诺伊曼获得了研究所的第三个来自国外的研究席位.

图 14　J · 亚历山大

图 15　冯 · 诺伊曼

最后一名应聘者是莫尔斯（Harold Marston Morse, 1892—1977, 图 16）, 他于 1935 年 1 月从哈

图 16　H · 莫尔斯

佛大学来到普林斯顿. 这样, 6 名世界一流的教授组成了普林斯顿高级研究所. 除此之外, 更多的是短期的访问教授. 从 1933 年 10 月 1 日开始, 便有超过 20 位学者来所访问, 他们都得到研究所的资助, 或者从洛克菲勒基金会申请到基金. 由于希特勒法西斯十分猖獗, 欧洲数学家急于向美国移民, 因此, 来到普林斯顿的学者都有很高的学术水准. 维布伦曾估计, 在 1935 年前后, 范因氏大楼里大约有 70 名世界一流的数学家在工作 (包括研究所和大学两方面).

以下是当年的学术活动一览表.

拓扑学 (讨论班、课程): 亚历山大、莱夫谢茨.

量子理论与几何 (讨论班): 冯 · 诺伊曼、维布伦.

连续群 (讨论班、课程): 外尔.

不变量 (课程): 外尔.

大范围分析 (讨论班、课程): 莫尔斯.

算子理论 (课程): 冯 · 诺伊曼.

量子电动力学 (演讲): 狄拉克.

类域论 (演讲): E · 诺特.

二次型 (演讲): 西格尔.

正电子理论 (演讲): 泡利(Wolfgang Pauli, 1900—1958).

这些课程、讨论班和演讲, 无论在美国还是其他国家, 都具有世界一流的水平, 普林斯顿高级研究所的数学研究所的成功, 固然和创办人的科学远见有关. 但是, 欧洲的政治形势、希特勒迫害犹太人的反动政策, 恰恰为普林斯顿送来了世界一流的科学大家. 历史无情地宣告了希特勒法西斯的覆灭, 促成了普林斯顿的成功.

图 17 普林斯顿高级研究所草坪

这里我们要提到有关中国数学家陈省身的一个传奇故事. 1943 年 7 月 5 日, 普林斯顿高级研究所艾得罗特院长致信陈省身:

亲爱的陈教授:

维布伦教授建议我给您两份研究所的任命书和一封写给驻开罗军事当局的、允许乘坐军用运输机旅行的介绍信. 我遵嘱附上这两个文件, 一式两份, 并将其中关于任命的那个文件做了公证, 这样对您也许更有用.

我还附上一份我们研究所的《通报》第10期增刊, 您带着它就可以方便地向军事当局和其他部门显示我们研究所的负责人、董事和成员的姓名, 以让他们明白此机构的性质和重要性……

陈省身于是向西南联大提出请假一年, 前往普林斯顿. 在战火纷飞的 1943 年, 如何到达美国是一件十分困难的事. 美国和日本正在太平洋上激战, 没有任何安全途径可走. 从大西洋的海路到美国, 因为德国潜水艇的攻击, 非常危险. 民用航班几乎没有. 那时只有美国陈纳德的飞虎队把军火运到昆明、重庆, 返回美国时可以搭载乘客, 这是陈省身的唯一选择. 这样, 经印度、中非、南大西洋、巴西到达美国, 前后为时一星期.

在普林斯顿舒适稳定的学术环境里, 陈省身与韦伊进行交谈, 知道了最前沿的想法. 酝酿已久的"高斯–博内公式内蕴证明"的思路逐渐清晰起来, 一篇划时代的文献大约完成于 1943 年冬; 正式刊登出来, 则是 1944 年的事了. 论文原刊于美国普林斯顿大学主办的《数学纪事》(Annals of Mathematics) 第 45 卷第 9 期. 文章不长, 只有 6 页. 陈省身晚年这样回忆这篇论文:

> 我一生最得意的工作大约是对Gauss-Bonnet 公式的证明. 这公式可说是平面三角形三角和等于 180 度的定理的推广. 如果三角形是曲面上的一区域, 则问题必牵涉到边曲线的几何性质和区域的高斯曲率.

在第二次世界大战之后的 1946 年, 著名拓扑学家霍普夫评论陈省身的工作时说:“一个微分几何的新时代开始了.”

三、数学家大力投入反法西斯战争

罪恶的战争摧残人民, 正义的战争激励人民. 数学家是人民群众的一分子. 当希特勒法西斯发动第二次世界大战之后, 科学家包括数学家, 义无反顾地投入反法西斯战争, 用自己的良知和智慧, 为正义战争的胜利而奋斗.

运筹学诞生在战场

运筹学, 诞生在大不列颠空战的战场.

1940 年, 德国法西斯在席卷欧洲大陆之后企图攻占英伦三岛. 德国占领区和英国之间有英吉利海峡相隔, 首先发生的是空战. 英国国土狭小, 极易遭受德国空军的轰炸袭击. 伦敦和其他英国城市每天响起的空袭警报, 标志着德国空军力量强于英国. 丘吉尔领导的英国面临生死存亡的考验.

科学家在国家紧急时期发挥了重要作用. 1938 年, 英国刚刚发明雷达, 在技术指标上比德国的雷达还要差一些. 那时, 雷达的信息和战机、高炮的配合还不密切, 不能发挥作用. 于是在英国皇家空军指挥部的领导下, 由布拉凯特（Patrick Maynard Stuart Blackett, 1897—1974, 图 18）负责成立运筹学小组.布拉凯特于 1948 年曾获诺贝尔物理学奖.

图 18　P·布拉凯特

当时成立的运筹学小组成员有:数学家 2 人, 数学物理学家 2 人, 生物学家 3 人, 天文学家、物理学家、陆军军人、测量技士各1人.

他们进行了两项研究:

(1)雷达的最佳配置和高射炮的有效射击方法;

(2)运输舰的最佳编组以及对潜水艇的有效攻击.

这一小组, 运用图表和数据, 对战略后果作了预测分析, 使雷达和高炮配合达到最佳状态. 由于该小组卓有成效的工作, 雷达的优越性充分体现出来. 由原本平均每 200 发高射炮弹击落一架敌机, 进步到平均每 20 发击落一架. 相比之下, 尽管当时德国雷达在技术性能指标上优于英国, 但德国人忽略了对包括雷达在内的防空系统的有关操作的研究, 其防空系统效果始终不如英国. 由于决策正确及其他因素, 英国最后取得了不列颠空战的胜利. 这一研究不仅影响了第二次世界大战的进程, 也催化了一门新学科的诞生. 这门学科的特点在于, 不增加和改变设备的性能, 用合理的配置、调度和使用的方案来提高工作效率. 这是一种“软科学”, 完全依靠智慧的科学.

英国作战研究部把围绕雷达使用所进行的工作称为“Operations Research”(直译为“操作研究”“作战研究”), 简称 OR. 我国在 20 世纪 50 年代由钱学森建议成立 OR 研究室. OR 怎样译成中文? 人们想起描写中国古代的军事家, 能够“运筹帷幄之中, 决胜千里之外”的话, 将其译为“运筹学”. 现在想来, 这一译名真是再恰当不过了.

运筹学在英国的出现, 引起同盟国各国的重视, 美国、加拿大等国先后成立了运筹学小组. 到第二次世界大战结束时, 军事运筹学的研究工作者估计在 700 人以上.

1943 年 2 月, 第二次世界大战中的日本, 在太平洋战区已经处于劣势. 为扭转局势, 日本海军统帅山本五十六策划了一次军事行动: 统率一支舰队从其集结地——南太平洋的新不列颠群岛的拉包尔出发, 穿过俾斯麦海, 开往新几内亚的莱城, 支援困守在那里的日军. 当美军获悉此情报后, 美军统帅麦克阿瑟命令太平洋战区空军司令肯尼将军组织空中打击. 山本五十六清楚地知道: 在日本舰队穿过俾斯麦海的三天航行中, 不可能躲开美军的空中打击, 他想做到的是尽可能减少损失. 日美双方的指挥官及参谋人员都进行了冷静的思考与全面的谋划.

自然条件双方都是已知的. 基本情况如下：从拉包尔出发开往莱城的海上航线有南北两条, 通过时间均为 3 天. 气象预报表明: 未来 3 天中, 北线阴雨, 能见度差; 而南线天气晴好, 能见度好. 肯尼将军的轰炸机布置在南线的机场, 侦察机全天候进行侦察, 但有一定的搜索半径. 经测算, 双方均可得到如下估计.

局势 1: 美军的侦察机重点搜索北线, 日本舰队也恰好走北线. 由于气候恶劣, 能见度差, 美军只能实施两天的轰炸.

局势 2: 美军的侦察机重点搜索北线, 日本舰队走南线. 由于发现晚, 尽管美军的轰炸机群在南线, 但有效轰炸也只有两天.

局势 3: 美军的侦察机重点搜索南线, 而日本舰队走北线. 由于发现晚, 美军的轰炸机群在南线, 而北线气候恶劣, 故有效轰炸日期只有一天.

局势 4: 美军的侦察机重点搜索南线, 日本舰队也恰好走南线. 此时日本舰队迅速被发现, 美军的轰炸机群所需航程很短, 加上天气晴好, 有效轰炸时间三天.

这场海空遭遇与对抗一定会发生. 双方的统帅如何决策呢?

日军预见到局势4, 肯定不走南线. 美军知道日军也是“聪明人”, 所以判定日军走北线. 那么美军战机搜索哪里呢? 局势 3 应该避免, 所以也是走北线. 实战情况正是如此：局势 1 成为现实. 肯尼将军命令美军的侦察机重点搜索北线; 而山本五十六命令日本舰队取道北线航行. 由于气候恶劣, 能见度差, 美军飞机在一天后发现了日本舰队, 基地在南线的美军轰炸机群远程航行, 实施了两天的有效轰炸, 重创了日本舰队（但未能全歼）.

战后, 英、美等国在军事运筹学的研究和应用中, 从追求武器装备性能指标达到最佳设计要求, 发展到计划和预测某种作战方式或战术手段可能达到的效果, 解决问题的手段也日趋全面. 1951 年第一部运筹学的著作《运筹学方法》(Methods of Operations Research) 在美国发行 (图 19), 由麻省理工学院出版社和约翰 · 威利出版社联合出版. 作者是莫尔斯（Philip McCord Morse）和金伯尔（George E. Kimball）.

图 19　第一部运筹学的著作

为战争服务的美国"应用数学计划"

早在 1916 年, 美国总统威尔逊建立"国家研究委员会 (NRC)", 要求"由科学来支撑第一次世界大战". 1940 年美国罗斯福总统批准设立国防研究委员会 (NDRC). 次年, 罗斯福又提名卡内基基金会的 V·布什担任主席, 并将 NDRC 重组为"科学研究发展局" (Office of Scientific Research and Development, 简称 OSRD). 这是一个行政机构, 直属总统, 其任务是主持国防研究的全过程, 包括从提出研究方案开始直至施工阶段. 这一机构还为陆军、海军、国防研究委员会提供研究计划, 其地位平行于有关武器和医药的委员会.

1941 年 12 月, 美国对德、日、意法西斯宣战, OSRD 成为更加有力的行政机构, 下设 19 个部门以及许多专家小组, 其中包括应用数学组 (Applied Mathematics Panel, 简称 AMP).

在 OSRD 中, 韦弗 (Warren Weaver, 1894—1978, 图 20) 负责第 5 和第 7 部门. 他原是威斯康星大学数学系系主任、洛克菲勒科学基金会的董事长. 他曾在 NDRC 中的"火力控制部"担任领导, 发展了一种火炮自动瞄准仪, 为英国免遭德军空袭提供了装备. 这一计划曾有很多数学家参与, 因此由他领导AMP是合适的.

AMP 和 11 所大学订了合同, 包括普林斯顿大学、哥伦比亚大学、纽约大学、加利福尼亚大学伯克利分校、布朗大学、哈佛大学和西北大学等最著名的大学. 全国最有才华的数学家都参加了, 有的为了参加这方面工作还搬了家. 这个小组从 1942 年到 1945 年战争结束, 共完成了 200 项重大的研究, 都刊登在《应用数学组技术报告摘要》(Summary Technical Report of Applied Mathematics Panel) 上.

图 20 韦弗

AMP 的大量研究涉及"改进设计以提高设备的理论精确度"以及"现代设备的最佳运用", 特别是在空战方面. 这里介绍四个大学的情况.

在纽约大学, 柯朗和弗里德里希斯 (Kurt Otto Friedrichs, 1901—1983) 领导的小组研究空气动力学、水下爆炸和音速喷气流和激波. 当加利福尼亚技术研究所遇到火箭发射困难时, 弗里德里希斯曾去帮助, 结果按新方案试验成功了. 这个小组在战后发展为柯朗应用数学研究所.

在布朗大学, 以普拉格为首的应用数学小组集中研究经典动力学和畸变介质力学, 提高军备的使用寿命.

在哈佛大学, G · 伯克霍夫 (Garrett Birkhoff, 1911—1996, 图 21) 为海军考察水下弹道学问题.

图 21　伯克霍夫

以上三个大学所研究的都属经典的应用数学范围.

在哥伦比亚大学, 则是另一种新型的应用数学. 他们重点研究空对空的射击学, 例如:(1) 空中发射炮弹的弹道学;(2) 偏射理论;(3) 追踪曲线理论;(4) 追踪过程中自身速度的观测与刻画;(5) 中心火力系统的基本理论;(6) 空中发射装备测试程序的分析;(7) 稳定性;(8) 雷达. 哥伦比亚大学应用数学组的惠特尼 (著名拓扑学家) 是研究空中发射火箭的最早的创始人. 代数学家麦克莱思曾是这个小组的"技术代表".

1944 年, AMP 接到美国空军的请求, 希望一起确定“应用 B-29 飞机的最佳战术”，于是签订了三项合同：新墨西哥大学进行大范围试验，威尔森试验室进行小范围光学研究，第三项是普林斯顿大学从数学上对整体方案加以论证，这一方案后来被前线的实战证明是有效的.

1942—1943 年间，AMP 在统计方面的工作中，出现了瓦尔德的序贯分析法，并迅速用于军事设备的生产、维修和使用. 这一工作在战后被广泛用于经济领域.

在 AMP 的工作中，有许多意想不到的任务. 1944 年，韦弗接到一个请求，希望确定攻击日本大型军舰时水雷阵列的类型，但是美国海军对这几艘日本大军舰的速度和转弯能力一无所知. 幸运的是海军当局有许多这些军舰的照片. 当把任务提到纽约大学应用数学组时，马上有人提供一个资料：1887 年，开尔文曾经研究过：当船以常速直线前进时，激起的水波沿着船只前进的方向张成一个扇形，船边到角边缘的半角为 19°281″，其速度可以由船首处两波尖的间隔计算出来. 于是就用这些照片来确定日本军舰的速度. 由于数学计算结果和实际观测资料十分吻合，海军的照片资料中心采用了这一建议，并将它编入官方的作战手册. 这些成功的建议赢得了海军的信任，确认数学家能给他们以巨大的帮助.

电子计算机的产生是由于军事上计算弹道的需要，这已为人所共知. 但是到电子计算机研制成功之时，战争已接近尾声，并未实际投入军事使用. 倒是海军军械局曾在哈佛大学，由艾肯（Howard

H · Aiken, 1900—1973, 图 22）造了一台计算机在战争结束前投入了使用. 这种机器用电话继电器为元件, 速度虽低, 但曾对战时的军事需要作出了巨大贡献. 围绕该机器的运算, 在解决许多有关军事的项目中发展了“数值分析”, 这一学科虽在战后迅速发展, 最初也是在为战争服务中发端的.

图 22　艾肯（右 2）和他制造的计算机

AMP 在 1945 年底解散. 但是美国政府看到应用数学的重要性, 因而大力支持, 军方也一直拨款支持数学研究. 由于社会上数学化势头增加, 许多组织相继成立. “计算机联合会”于 1947 年建立起来, 1949 年是“工业数学协会”, 1952 年有“美国运筹学会”和“工业与应用数学学会”出现, “管理科学研究院”也在 1953 年成立. 大学数学系中已分出计算科学系、统计学系、运筹学系、管理工程系等. 数学的面貌在战后有了很大的变化, 其中相当一部分是从第二次世界大战的军事需要中诞生的.

来自德国的柯朗参与反德国法西斯战争

1972 年 1 月 27 日, 当年格丁根大学数学研究所负责人柯朗在纽约大学的柯朗数学研究所内逝世. 柯朗在格丁根和美国的数学生涯深深地打上了 20 世纪国际政治斗争的烙印.

图 23　年轻时的柯朗

柯朗的名字, 在中国比较熟悉. 已故的交通大学朱公谨先生 (1902—1961) 是柯朗的学生, 他译的《柯氏微积分》虽然是半文言的, 但在新中国成立前后却十分畅销, 20 世纪四五十年代学数学的人多少都接触过这本举世闻名的书, 知道 "柯氏" 对微积分的独到见解. 柯朗和希尔伯特合写的名著《数学物理方法》, 也有中文译本.

柯朗祖上是犹太人, 他的祖父是个相当富有的食品商, 父亲是小商人, 一直在卢布林 (波兰东南部城市)定居. 1888 年 1 月 8 日, 柯朗在卢布林出生. 他在布雷斯劳 (Breslau) 读中学, 经高年级学生特普利茨和黑林格的介绍, 1907 年 10 月来到格丁根. 他们为了使柯朗能适应格丁根的高科学水准, 把他领到数学俱乐部. 这是阅览室旁边的一间房子, 却是格丁根数学生命的心脏. 在这里, 柯朗看到了有希尔伯特和闵可夫斯基一起参加的数学物理讨论班. 1910 年 2 月 16 日由希尔伯特 (数学)、沃伊特 (Voigt, 物理)、赫斯尔 (Hussel, 哲学) 组成的论文答辩委员会通过了柯朗的博士论文. 毕业后柯朗留在格丁根从事教学.

1914 年夏, 柯朗的生活发生了转折. 第一次大战爆发, 所有适龄青年应征入伍. 26 岁的柯朗自然不能例外, 他走上前线, 蹲过战壕, 设计过通信设备. 直到 1918 年 12 月, 柯朗才回到格丁根, 在德国军队里整整干了四年半. 战争给柯朗带来"教授"的荣誉称号, 但这只是纯粹的称号而已. 他在格丁根仍然是一个没有职称的留校博士. 1919 年, 他写了一系列文章, 论述微分方程的特征值, 受到广泛重视. 1920 年, 趁着格丁根增加三名数学物理教授的机会, 希尔伯特告诉柯朗:"现在有空位子, 我们有理由乐观". 于是, 32 岁的柯朗成为格丁根的一名教授. 在格丁根最兴旺的时期, 柯朗花费了大量精力. 1924 年, 克莱因去世, 柯朗继承他的志愿, 筹建格丁根数学研究所. 在美国洛克菲勒基金会资助下, 1929 年 12 月 2 日, 研究所正式成立, 由柯朗具体主持. 在这以后, 外尔、诺特、施密特、阿廷、特普利茨、西格尔等名家相继来格丁根工作, 各国专家纷至沓来, 可谓盛极一时.

图 24　纽约大学时期的柯朗

1933 年的那个黑色的春天, 把这一切都断送了. 在犹太裔教授中, 柯朗是走得比较迟的. 1934 年 8 月 21 日, 他全家抵达纽约, 在纽约大学开始了他的后半生. 如前所述, 美国科学研究发展局在 1942 年建立了应用数学小组. 应用数学小组的负责人韦弗物色人选时, 曾严肃讨论是否邀请柯朗. 他介绍说:"有一个人, 有杰出的才干, 曾经是第一次世界大战中德国皇家军队的一员……" 贝尔 (Bell) 实验室的弗赖 (Fry) 马上说:"我们必须毫无保留地把柯朗看作我们中一员!" 一个曾经为德国作战的士兵, 现在成了反对德国法西斯的猛士. 不拘一格用人才, 也是美国得以发展的重要因素之一.

于是, 柯朗在纽约大学领导一个应用数学小组 (AMP). 他们的第一项任务是研究水下声学和爆炸理论. 在洛斯阿拉莫斯导弹基地, 用柯朗–弗里德里希斯–列维的有限差分法求出了双曲型偏微分方程的解. 喷气式飞机的喷嘴设计也是AMP的一项研究成果. 弗里德里希斯在回忆工作情况时说:“我们并不懂得工程方面的事, 所以向火箭专家问了大量的问题, 很自然地, 我作为数学家解决问题的方法和他们常用的不同. 这迫使专家们用不同的观点更本质地看问题: 这可能帮助了他们, 但最终还是专家们自己解决问题.”

纽约大学 AMP 的名声越来越大, 一些人把这个小组称为“柯朗仓库”, 应用数学的成就于是和柯朗的名字紧紧连在一起.

冯·诺伊曼的反法西斯努力

冯·诺伊曼 (图 25), 美藉匈牙利人, 1903 年 12 月 28 日生于匈牙利的布达佩斯, 父亲是一个银行家, 家境富裕, 十分注意对孩子的教育. 冯·诺伊曼从小聪颖过人, 兴趣广泛, 读书过目不忘. 据说他 6 岁时就能用古希腊语同父亲闲谈, 一生掌握了七种语言. 最擅德语, 可在他用德语思考种种设想时, 又能以阅读的速度译成英语. 他对读过的书籍和论文, 能很快一句不差地将内容复述出来, 而且若干年之后, 仍可如此.

1911—1921 年, 冯·诺伊曼在布达佩斯的卢瑟伦中学读书期间, 就崭露头角而深受老师的器重. 在费克特老师的个别指导下合作发表了第一篇数学论文, 此时冯·诺伊曼还不到 18 岁. 1921—1923

年在苏黎世大学学习，很快又在 1926 年以优异的成绩获得了布达佩斯大学数学博士学位. 1927—1929 年冯·诺伊曼相继在柏林大学和汉堡大学担任数学讲师. 1930 年接受了普林斯顿大学客座教授的职位，西渡美国. 1931 年他成为美国普林斯顿大学的第一批终身教授，那时，他还不到 30 岁. 1933 年转到该校的高级研究所，成为最初六位教授之一，并在那里工作了一生. 1954 年夏，冯·诺伊曼被发现患了癌症，1957 年 2 月 8 日，在华盛顿去世，终年 54 岁.

图 25　普林斯顿大学时期的冯·诺伊曼

冯·诺伊曼在数学的诸多领域都进行了开创性工作，并作出了重大贡献. 他把集合论加以公理化，奠定了公理集合论的基础.

1933 年，冯·诺伊曼解决了希尔伯特第 5 问题，即证明了局部欧几里得紧群是李群. 1934 年他又把紧群理论与波尔的殆周期函数理论统一起来. 建立了算子代数这门新的数学分支，这个分支在当代的有关数学文献中均称为冯·诺伊曼代数. 1944 年与摩根斯顿合作发表了奠基性的巨著《博弈论与经济行为》. 论文中包含博弈论的纯粹数学形式的阐述以及对于实际博弈应用的详细说明，文中还包含了诸如统计理论等教学思想. 冯·诺伊曼在格论、连续几何、理论物理、动力学、连续介质力学、气象计算、原子能和经济学等领域都作过重要的工作. 1940 年是冯·诺伊曼科学生涯的一个转折点. 在此之前，他是一个通晓物理学的登峰造极的纯粹数学家；1940 年以后则成了一位牢固掌握纯粹数学的应用数学家. 他的文章主要是论述统计、冲激波、流问题、水动力学、空气动力学、弹道学、爆炸学、气象学.

1939 年 8 月，因为担心纳粹德国率先研制成原子弹，爱因斯坦在给美国总统罗斯福的信上签了名. 他说："为了保卫公理和人民的尊严而不得不战斗的时候，我们决不逃避战争." 在这份建议的引导下，美国政府启动研究原子弹的曼哈顿计划.

冯·诺伊曼很自然地参与了曼哈顿计划，为开发第一颗原子弹作出了数学贡献. 当时科学家们曾提出两个截然不同的原子弹设计方案. 第一种设计方案简单得令人难以置信：就是让一大块铀同位素 U–235 同另一块铀相撞，从而使 U–235 达到临界质量而产生链式反应而发生大爆炸. 这种设计方案虽然简单，但是要提炼出很多的铀 235，一时难以做到. 这让曼哈顿计划小组把目光投向另一种方案：让钚正常引爆. 其设计思想是用烈性炸弹包在像柚子般大小的钚周围，将这些炸药仔细排列，使爆炸时发出的冲击波把钚挤压到发生链式爆炸反应的程度.

1943 年 9 月，冯 · 诺伊曼投身这一方案的研究（图 26）. 面临的主要问题是怎样仔细排列炸药才能产生效果最佳的冲击波？这是一道极其复杂的数学难题，冯 · 诺伊曼终于找到了解决办法：把 100 份不同种类的炸药错综排列，通过爆炸的合力产生效果最佳的冲击波. 原子弹的一个关键问题就这样突破了. 后来，冯 · 诺伊曼还提出用聚变引爆核燃料的建议，支持发展氢弹.

图 26　冯 · 诺伊曼和第一颗原子弹之父奥本海默

第二次世界大战虽然没有直接使用电子计算机，却开启了信息时代的第一扇门.

1944 年夏的一天，冯 · 诺伊曼途经试炮场所在地的阿伯丁火车站，ENIAC 设计组中的数学家戈德斯坦（Herman H. Goldstein, 1913—2004）中尉发现冯 · 诺伊曼正在等车，就和他交谈起来. ENIAC深深打动了冯 · 诺伊曼的心. 几天后，他专程到宾夕法尼亚大学参观还未竣工的 ENIAC，并参加为改进 ENIAC 而举行的一系列专家会议.

1946 年，ENIAC 正式运行. 它的全名是电子数值积分计算机（Electronic Numerical Integrator and Computer, ENIAC 即为其缩写，图 27），占地 170 平方米，用了 18 000 个电子管，总重 30 吨，耗电 140 千瓦，速度为每秒五千次加法运算，最重要的特点是，它能按照人所编好的程序自动地进行计算.

图 27　冯 · 诺伊曼和 ENIAC

冯·诺伊曼参加 ENIAC 机研制小组后, 便带领这批富有创新精神的年轻科技人员, 向着更高的目标进军. 从 1944 年 8 月到 1945 年 6 月, 他们在共同讨论的基础上, 发表了一个全新的“存储程序通用电子计算机方案”EDVAC（Electronic Discrete Variable Automatic Computer 的缩写）. 冯·诺伊曼以“关于 EDVAC 的报告草案”为题, 起草了长达 101 页的总结报告. 报告广泛而具体地介绍了制造电子计算机和程序设计的新思想. 这份报告是计算机发展史上一个划时代的文献, 它向世界宣告：电子计算机的时代开始了.

电子计算机虽然没有来得及直接为反法西斯战争服务, 但那场战争的确催生了电子计算机, 其后, 电子计算机的影响早已越出战争的范围. 以计算机技术为代表的信息技术, 把人类带入了信息时代.

1948 年, 是一个重要的数学年. 这一年, 一本题为 Cybernetics 的书出版了. 字典上查不到这个词, 然而你可以在古希腊柏拉图（Plato, 公元前 427—前 347）的著作中见到一个意义为“舵手”的词和它相近. 现在称为“控制论”的这本书不胫而走, “控制论”迅即成为风靡世界的时髦名词. 该书的作者是诺伯特·维纳（Norbert Wiener, 1894—1964, 图 28）.

也是在 1948 年, 著名的贝尔实验室的《贝尔系统技术杂志》上, 发表了香农（C·Shannon, 1916—2001, 图 29）长达 80 页的论文《通信的数学理论》,

标志着信息论的诞生.

图 28　N · 维纳

图 29　C · 香农

这两项成就的特点, 是在看不见数学的地方发现数学, 创立数学.

数学家在第二次世界大战中的努力是多方面的. 以上所述, 只是很小一部分, 还不包括苏联、东欧国家数学家的贡献. 中国数学家也为抗日战争作出了自己的努力. 但是, 更为惊心动魄的是密码战线的斗争. 数学家的许多贡献逐渐解密. 这些新材料, 构成了本书的主体.

二战时期密码破译的传奇故事——幕后的数学战

密码情报在战争中的作用可以追溯到很久以前. 自从无线电报发明之后, 破译空中密码的工作成为决定战争胜负的重要因素. 第二次世界大战中, 密码学发生了一系列传奇式的故事. 经过半个世纪的时光沉淀, 战时的密码档案陆续公布, 曾经作为超级机密的"隐谜"(Enigma)密码的破译, 再次成为人们关注的一个焦点. 简单地说, 德国人发明了"隐谜"; 波兰人初步破解了简单的"隐谜"; 而英国人彻底破解了最复杂的"隐谜". 数学家阿兰·图灵(Alan Turing)成为"隐谜"的终结者.

一、"超级"情报扭转战争局面

是什么因素决定了战争的胜负? 不同的人可能给出不同的答案. 比如说, 有人会把胜利归功于战士们的勇敢无畏和坚韧不拔, 统帅的英明决断, 武器的精良, 国力的雄厚或人心的向背; 反过来, 也有人会把失败归咎于士兵的士气低落, 统帅的固执或优柔寡断, 武器的落后或国力差距, 等等. 然而, 英国二战时期的情报局高官温特博瑟姆(F.Winterbotham)

却另有一番见解，他把二次大战盟军的胜利归因于“科学的拯救”[1]. 他所指的是，有一批卓越的数学家和工程师，运用数学知识和科学技术，破译了曾被认为是不可能破译的德国的“隐谜”密码和“洛伦兹”(Lorentz)密码以及日本海军的密码，获得了大量的“超级”情报，导致了战争胜负的逆转. 温特博瑟姆的说法有何依据? 请看以下若干事实.

不列颠空战

1940 年 5 月，德国以闪电战击溃英法联军，英军从法国敦刻尔克港口狼狈地撤回英国本土. 当时英国军队的状况是，陆军几乎已失去武装，空军则无论从飞机的数量、质量和飞行员的技术上与德国相比均处于劣势. 德国空军元帅戈林认为，只需用飞机越过英吉利海峡进行狂轰滥炸，就能够使英国屈服. 于是, 在 1940 年 7 月 10 日至 10 月 30 日期间，爆发了历史上有名的不列颠空战. 空战的结果，德国损失了 1733 架飞机，英国只损失了 915 架. 遭受重大损失的希特勒不得不放弃了征服英国的计划，英国得到了喘息机会，并且开始恢复元气. 人们通常把英国空军的胜利归功于雷达的发明；然而，后来解密的档案表明,“超级” 情报居功至伟. 戈林做梦也不曾想到，他发给德国空军将领的详细指令，数小时之内就已落到英国首相丘吉尔和他的空军参谋长的手中. 通过破译“隐谜”电报，英国人准确地了

① 温特博瑟姆著，超级机密 (The Ultra Secret)，1974.

解到德国空军有哪些航空中队，多少架飞机，何时起飞，轰炸目标等. 英军的战斗机飞行员则惊奇地发现，上司对敌人行动的预判总是如此的精准，使得他们经常能够在与数量十倍于己的敌机交火中占得上风. 当然，他们并不知道破译密码之事，那是只有极少数人掌握的“超级机密”.

阿拉曼战役

隆美尔是希特勒手下最杰出的将领，以足智多谋、英勇善战著称. 1941 年，他在北非沙漠地区以灵活机动的战术接连击败英军，被称为“沙漠之狐”. 然而，“超级”情报使得局面逐渐扭转. 英国人从隆美尔与德军总部的“隐谜”电报来往中，了解到其部队的动向和兵力分布，从而总能在隆美尔最出乎意料的地方给予沉重的打击. 武器弹药和坦克燃油的补给始终是隆美尔最操心的事. 他一直在用电报催促总部务必及时把部队急需的补给品运到. 总部则回电详细告知运输船队的航线、到达日期和港口，结果这些运输船队无一例外全部被击沉，葬送海底. 英国人为了防止德国人因此怀疑“隐谜”密码被破，故意用简单的密码向敌方港口城市的一个不存在的谍报人员发去电报，赞扬他提供了极有价值的情报，并给他加了工资.

在完全掌握了隆美尔部队的兵力和装备情况，并了解到他们已处于弹尽油干的境地后，英军统帅蒙哥马利发动了著名的“阿拉曼战役”，向隆美尔部队发起了猛攻. 这次，隆美尔终于被打得大败而逃.

丘吉尔说过:"在阿拉曼战役前,我们从未打赢过一仗;但在阿拉曼战役后,我们所向无敌."

大西洋海战

潜水艇曾经是希特勒手中的一张王牌. 战争初期,由德国海军将军邓尼茨率领的U–潜艇舰队,以狼群战术围攻航行在大西洋上的美英战舰和运输船只,使同盟国遭受了重大损失. 当时的大西洋是英国与外界联系并获得战略物资的唯一通道. 丘吉尔在战后的回忆录中,曾经心有余悸地写到:"战争中,唯一使我真正害怕的是德国潜艇的威胁!"

然而,这些潜艇在不断地用"隐谜"电报相互联络,并不时地向在陆地上的德国海军司令部汇报自己的位置和接受指令. 于是,"超级"情报使盟军掌握了德国潜艇的活动范围和数量,从而能够指引运输船队绕过或避开这些潜艇,并派遣军舰和飞机去炸毁它们. 结果,德国潜艇遭受重创,被迫退出了大西洋. 英军还利用"超级"情报,袭击并炸毁了德国威力最强大的战列舰"俾斯麦号". 英国人终于守住了"大西洋生命线".

法莱围歼

英国伦敦附近布雷契莱庄园的第三号棚屋被称为是"德国最高统帅部的影子",因为设在那里的小组负责分析和整理从已破译的"隐谜"密码和"洛伦兹"密码中得到的情报,总能及时、大量地提供希特勒与其手下将领之间的讨论、指示和汇报的详细内容，使得德国人的计划、想法和心态以及德军的一举一动都暴露无遗. 盟军利用“超级”情报提供的信息，成功地骗过德国人，实现了在法国诺曼底登陆，二次世界大战出现了重要转折. 希特勒感到严重不安，他开始亲自指挥西线战事. 希特勒和他新任命的西线司令冯·克鲁格元帅通过电报连续几天详细讨论德军的反攻计划，而这些电报几乎同时也在美英联军的统帅们手中被饶有兴趣地传看. 统帅们在希特勒的计划决定后，从容不迫地制订了针锋相对的方案，组织了“法莱围歼”，使德军遭到了毁灭性打击，整个法国获得解放，二次世界大战逐渐接近尾声.

希特勒泉下有知，一定会懊恼不已，他所有的军事秘密都已被对手洞悉. 他所依赖的保密通信竟如此地不堪信任，差不多等于公开地通过新闻报纸与他的将领们讨论军事行动计划.

中途岛海战

1941 年 12 月 7 日，日本偷袭珍珠港，使美国太平洋舰队遭受了重大损失：20 余艘战舰被炸坏或炸沉，300 多架飞机被毁，伤亡 4000 余人，太平洋战争爆发. 战争初期，由于偷袭珍珠港成功，日本海军处在优势和主动的地位. 然而，作为同盟国，美国与英国合作破译了日本海军的密码 JN–25. 于是，“超级”情报开始在对日战争中大显身手.

1942 年 5 月，日本联合舰队司令官、海军大将山本五十六在成功策划了珍珠港偷袭后，又决定占领美军在太平洋上另一个基地——中途岛. 他率领一支庞大的舰队，向目的地出发. 但是，这一次他没有那么幸运了. 通过“超级”情报，美国太平洋舰队司令、海军上将尼米兹洞悉了山本五十六的企图，于是率舰队埋伏在中途岛附近. 6 月 4 日凌晨，日军四艘航空母舰的舰载飞机直扑中途岛的美军机场，岛上早有准备的美军飞机全部起飞，使日军轰炸机扑了个空. 正当日军第一批飞机返航，第二批待飞时，突然，从埋伏在附近海面的美军舰队上起飞的各种轰炸机在空中成批出现，日军措手不及. 在短短的 8 分钟内，日本三艘大型航空母舰“赤城”、“加贺”、“苍龙”号被击沉，“飞龙”号受重创，美国海军以劣势兵力击溃了日本舰队，报了珍珠港被袭的一箭之仇. 日本舰队损失惨重：4 艘航空母舰、1 艘巡洋舰和 322 架战机被炸毁；最糟糕的是，有 3000 余名优秀飞行员丧生. 从此日本海军一蹶不振，再也没有恢复元气.

山本五十六之死

二次大战期间日本联合舰队司令、海军大将山本五十六，1884 年 4 月 4 日出生于日本长冈市一个武士家庭，因那年父亲正好 56 岁，故取名五十六，后过继给当地山本望族，遂姓山本. 山本五十六是日本当时最具有战略头脑和现代眼光的将领，他一手打造了日本现代海军. 此人是天生的赌徒，以精通各种赌技著称. 游学欧洲时，在赌城摩纳哥所向披靡，大伤脑筋的赌场老板最后只能谢绝他入场.

是他精心策划了偷袭珍珠港，使美国海军遭受重大损失，但也因 JN–25 电报泄密，让他输掉了中途岛战役.

1943 年 4 月 17 日，美国海军再次截获日本联合舰队的密电，其内容是关于“日本海军联合舰队司令山本五十六将前往前线视察的详细日程”. 美国人认为，山本五十六是日本无可替代的战争关键人物，决定要除掉他. 4 月 18 日上午 9 时 31 分，美军 16 架 P38 飞机飞抵布干维尔岛南端的卡希利北面 50 英里上空. 3 分钟后，山本五十六与他的参谋长分乘两架轰炸机，在 6 架零式战斗机的护航之下，准时出现. 美军 4 架担任主攻狙击任务的 P38 飞机立即冲下去对准日军轰炸机一阵猛烈扫射. 山本五十六的座机当即中弹，坠毁于地面森林中. 一代枭雄就此殒命，日军又一次遭受了沉重打击.

山本五十六被打死后，英国曾向美国提出抗议，生怕因此泄露了“超级机密”. 所幸日本人同德国人一样，从来没有怀疑过他们使用的密码已被破译.

“超级”情报建立的殊勋何止这些! 正如温特博瑟姆所说，如果人们了解了整个事情的真相，对许多历史事件和历史人物的评价就会改写. 然而，真相被长期掩盖. 战争结束后，丘吉尔下令继续严守有关“超级”情报的秘密. 这一方面是为了保护英国今后的情报工作免受损害，另一方面也是为了不让敌人找到失败的借口. 用于破译“洛伦兹”密码的 11 台计算机全部被销毁，甚至为此使英国失去了造出世界上第一台电子计算机的荣誉也在所不惜. 美国也同样严守他们的秘密. 所幸随着时间的推移，昔日的敌国已经成为盟友；密码技术也日新月异，老方法已无保密的价值；一些当事人也纷纷撰写回忆录，使得整个事情的来龙去脉逐渐清晰. 时至今日，我们终于能够对这一段曾经属于“超级机密”的历史，作一个大概的回顾.

二、德国“隐谜”密码机的出现

保密通信在战争中应用的历史源远流长. 2500 年前，古希腊的奴隶主在剃光了头发的奴隶头上写字，然后等头发长出来，再令他到另一处去传递情报. 当时的希腊军队里，还使用一种叫做 scytale 的通信方法：把长带子状羊皮纸缠绕在一根圆木棍上，然后在上面写字；解下羊皮纸后，上面只有杂乱无章的字符，只有再次以同样的方式缠绕到同样粗细的棍子上，才能看到所写的内容. 2000 年前，古罗马的执政官和军队统帅恺撒（Julius Caesar，公元前 100—前40）发明了一种把所有的字母按字母表顺序循环移位的文字加密方法. 在 1000 年前我国的宋朝，则经常使用“蜡丸”来传递重要的情报.

总的来说，密码术在古代的保密通信技术中并不占很重要的地位，也没有对任何战争的胜负产生决定性影响. 因为那时异地通信的主要方式是采用文字书信，只要能够防止有关书信落入敌人手中，文字不加密也不会有大问题.

然而，自从 1844 年发明了电报和 1901 年发明了无线电通信以后，情况开始发生了根本性的变化．由于无线电报能够快速方便地进行远距离收发，它很快成为战争中的主要通信手段．但无线电报是一种广播式通信，任何人，当然包括敌人，都能够接收到发射在天空中的电报信号．于是，为了防止机密泄露，密码术开始变得至关重要．

在第一次世界大战中，德、英、法、俄等国都设立了密码局，交战双方的密码专家们开始斗法．争斗中，大家互有胜负：德军截获到俄军的无线电通信，洞悉了其军事部署，结果把拥有优势兵力的俄国人打得大败，战败的俄国不久在国内爆发了十月革命；法国人则数次破译了德军的密码，成功地粉碎了德军攻占巴黎的行动．这场争斗的最后输家还是德国：俄军在德国的一艘巡洋舰上缴获了一本德国海军用的密码手册，并把它交给了盟友英国人，结果德军大量的密码被破译，遭受到严重损失．

1917 年，英国人破译了德国外交部长齐默尔曼发给德国驻墨西哥大使并要求转交给墨西哥总统的一份绝密电报．电报中告知，德国将重新开始"无限制海战"，用潜艇攻击包括美国等中立国在内的海上商运船，并建议墨西哥入侵美国，以阻止美国介入欧洲的战争，还承诺帮助墨西哥从美国手中夺回得克萨斯、新墨西哥和亚利桑那三州．英国人把电报的内容透露给了美国人，美国人因此勃然大怒，于是向德国宣战．第二年，德国被打败，宣布投降，接着签署了《凡尔赛条约》，大战结束．这是第一次世界大战中最成功的一次密码破译．

虽然密码的应用已经在第一次世界大战中大显身手，但密码学作为一门学科，在当时并没有很大的发展，使用的加密方法与古代相比并没有什么创新，只是增加了一些难度.

当时的加密方法大都采用字母替换，比如说在一个未加密的文本（称作“明文”）中，用 f 代替 a，用 h 代替 b，再用 i 代替 f，用 z 代替 h，如此等等，就得到了一个加密文本（称作“密文”）. 在早期的加密方法中，这种字母替换的规则大多是固定的，即只有一张关于每个字母的替换表，所以被称作“单表替换加密”. 2000 年前的“恺撒密码”，就属于这种加密方法. 所有的单表替换加密都可以通过运用字母频率分析的手段来破解. 因为概率论和统计学告诉我们，每个字母在一个文本中出现的频率几乎不变，一些字母的组合和单词出现的概率也是如此. 比如说在英文的文本中，字母“e”出现的频率最高，字母“z”出现的频率最低；字母组合“eh”出现的概率很小，而组合“he”出现的概率很大. 运用这些知识对密文进行分析，就能够发现字母替换的规则，从而破解密文.

后期的加密方法开始采用变化的替换规则，即根据每个字母在明文中出现的位置和出现的次数，使用不同的替换表，这种方法被称为“多表替换加密”. 如 16 世纪法国外交官维吉尼亚发明的密码，就属于这种加密方法. 维吉尼亚密码使用了 26 张通过字母顺序平移产生的替换表；这些表顺序排列在一起，组成了一个字母替换矩阵；加密时，对于明文中的字母，第 1 次出现时用第 1 行的替换表，第 2 次出现时用第 2 行……以此类推. 多表替换的加密方法给直接采用字频分析法破译带来了困难. 但是，一个字母在经过数次替换变化后，它最后还是要回到初始的那个替换，并重新开始. 所以，只要能够获得足够多的密文，仍然可以运用概率统计方法来破译它.

还有的加密方法采用“密码手册”，手册里规定了在不同场合使用不同的字母替换表，因为这些替换表大都是无规律的，而且不固定使用，所以很难被破译. 但是，一旦密码手册落入敌人手中，后果则不堪设想. 第一次世界大战中，德国海军的密码手册被英国人截获，遭受了严重损失，就是一个典型的例子.

当时的密码技术还存在一个严重的缺陷，就是所有的加密和解密都是手工操作. 手工操作速度慢、效率低，所以不能使用太复杂的密码系统；比如说，在多表替换加密的方法中，替换表的数量不能太多.

就是在这种局面下，德国电气工程师谢尔比乌斯发明了“隐谜”密码机，带来了密码技术的一场革命. 亚瑟 · 谢尔比乌斯（Arthur Scherbius, 1878—1929，图 30），出生于德国一个小商人的家庭，慕尼黑技术学院电气专业毕业，1903 年在汉诺威技术学院获博士学位，1918 年与他人合作开公司，推销自己的专利产品. 谢尔比乌斯获得过多项发明，包括异步电机、电子枕头和加热陶瓷等. 当然，其中最有名的发明，就是那个他取名为“隐谜”（Enigma，音译“恩尼格玛”）的密码机了.

图 30　谢尔比乌斯

“隐谜”是世界上第一台电气机械装置的密码机，其形状如同一台打印机（见图 31、图 32）.

从图 31、图 32 可以看到，“隐谜”密码机由以下几个部分组成：

（1）键盘　如同普通打字机的键盘，但只有 26 个字母的按键，没有标点符号；基于安全的理由，“隐谜”电报中不用标点符号.

（2）字母板　位于键盘之后，板上显示 26 个字母，每个字母下面有一个小灯泡，这是为了显示加密或解密后的字母用的.

（3）转轮和反射轮　位于字母板后，在盖板之下，从外面只能看到 3 个转轮的部分齿状边缘和表示转动位置的数字. 转轮是密码机的最关键部件，其形状和内部结构见图 32. 转轮的圆周上刻有 0~25 的数字或 26 个字母，其中最上面的数字或字母正好

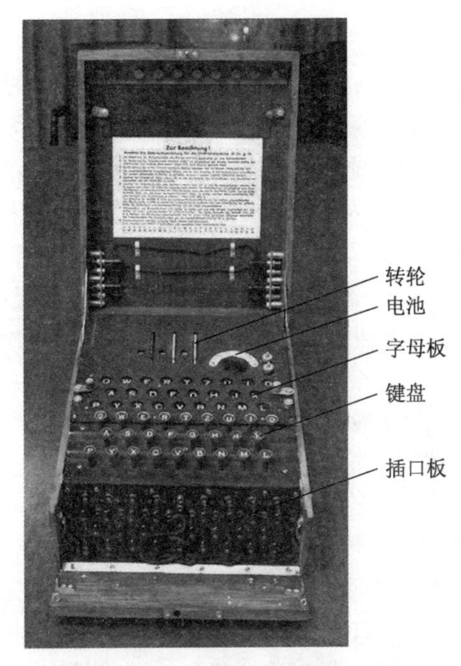

图 31　“隐谜”密码机

图 32　“隐谜”密码机的转轮解剖图

能够显示在盖板上的小窗口中，边上突出的一排齿状物用于手工转动轮子；两面各有 26 个接头排列成圆环，均表示 26 个字母；这些接头可与另外一个转轮的接头套接在一起，或与连接字母板的接线圆环套接；在内部，两面的接头则通过电线相互连接起来，形成了字母间的一种映射关系，不同的电线接法会产生不同的映射；转轮转动后，接线位置随之顺移，映射关系也跟着变化. 反射轮的结构与转轮类似. 三个转轮和一个反射轮都套在同一根轴上，反射轮在最左边. 每当键盘上键入一个字母，位于最右边的转轮就会转一格；右转轮每转完一圈 26 格，中间的转轮就会转一格；中间转轮每转完一圈 26 格，左边的转轮就转一格. 反射轮则始终不动.

(4) 插口板　位于键盘下方，密码机的正面. 上面有 26 个插口，代表 26 个字母；可以用一根电线插头把任意两个插口连接起来，比如说把 A 插口和 W 插口连接起来，这时就会把键盘上的 A 和 W 这两个按键互换，即如果按“A”键就得到“W”，按“W”键则得到“A”；密码机在工作时，一般要连接 12 个插口，即有 6 对字母要互换.

“隐谜”的加密过程如下：

(1) 设好 3 个转轮的初始值，并用 6 根插头电线连好插口板上的 6 对插口.

(2) 在键盘上打明文，每打一个字母，该字母信号就会通过相应的电线传到插口板.

(3) 在插口板上，如果该字母正好属于 6 对连接起来的插口一对，则互换字母，否则不作互换，通过接线圆环把字母信号传到右面第一转轮上.

(4) 该转轮通过内部电线的连接方式, 对输入的字母作替换, 然后传到中间一个转轮, 同时自己转动一格.

(5) 中间的转轮再对字母作替换, 然后传到左边一个转轮; 这时如右边转轮正好从 25 格转到 0 格, 则自己也转动一格, 否则不转.

(6) 左边的转轮再对字母作替换, 然后传给最左边的反射轮; 这时如果中间的转轮正好从 25 格转到 0 格, 则自己也转动一格, 否则不转.

(7) 反射轮也对字母作替换, 然后传回给左边转轮; 反射轮永远不转动.

(8) 字母信号再从左边转轮、中间转轮、右边转轮和插口板依次传回, 每经过一处都要作一次字母替换.

(9) 最后, 信号传到字母板上, 使相应字母下面的小灯泡闪亮, 这就是加密后的字母.

由于反射轮的作用, 使得“隐谜”的解密变得很简单, 其过程与加密相同; 在设定好了与加密时一样的转轮初始值和插口接线后, 在键盘上打入密文, 则经过以上步骤后, 在字母板上就显出了明文.

从以上的加密过程可以看到:从明文到密文,一个字母要经过至少7次至多9次的替换, 而且对于转轮的不同状态、插口板的不同连接以及套接圆环上不同的字母排列顺序,其替换都是不同的;所以“隐谜”的加密方法要比以往任何的加密方法复杂得多.

以下计算一台“隐谜”可以有多少种替换表.

(a) 3 个转轮的排列位置可以是任意的，所以共有 $3!=6$ 种排列方式；

(b) 3 个转轮的排列确定后，它们一共可以有 $26^3 = 17\,576$ 种转动位置；

(c) 插口板上，从 26 个字母中选取 6 对互换字母的方式可以有

$$\frac{1}{6!}\frac{26\times25}{2}\frac{24\times23}{2}\cdots\frac{16\times15}{2}$$
$$=100\,391\,791\,500 \text{ 种；}$$

所以替换表的总数 $= 6\times17\,576\times100\,391\,791\,500$
$= 1\,058\,691\,676\,442\,000.$

如此巨大的数字！用任何统计方法对它都无能为力，而且还可以很容易地通过改变转轮和反射轮上的电线连接方式来产生新一批替换表. 谢尔比乌斯因而在向德国海军推销自己的产品时，很自信地说[11]即使敌人拿到了一台“隐谜”机，也破解不了密码；即使他们掌握了“隐谜”机的加密原理并获得了一部分密码，也发现不了密钥（即“隐谜”机的初始设定）.

谢尔比乌斯在 1918 年为他的密码技术申请了专利，1923 年开始生产商用的“隐谜”密码机. 他还于 1927 年购买了荷兰发明家科赫（Hugo Koch，1870—1928）在 1919 年申请的密码技术专利. 科赫的专利技术也是采用转轮加密方法，这一点与“隐谜”机相同，因此后来有些人认为科赫才是“隐谜”机的发明者. 但是科赫的密码机是纯机械的，并且从来没有

正式生产过;“隐谜”机则是一个电气机械混合的装置,已经成为商品多年;而且谢尔比乌斯申请专利也比科赫早. 所以说,谢尔比乌斯确实是“隐谜”机的真正发明者. 事后看来,他购买科赫的专利只是商业上的一种“防御措施”,以使自己的产品避免遇到可能的竞争.

“隐谜”机的市场销售开始并不好. 直到后来,德国人意外地从丘吉尔的回忆录中得知,在第一次世界大战中,自己的密码系统早被英国人破译,因此遭受了惨重损失,德军于是着手改进自己的密码系统. 这时,他们看中了“隐谜”这一革命性的密码装置. 1926 年,海军开始采购“隐谜”机,同时要求对它进行彻底的改装,使得它比商用的“隐谜”机更复杂更安全;2 年后,德国陆军也开始使用. 1933 年,纳粹上台. 不久,希特勒撕毁“凡尔赛条约”,开始肆无忌惮地扩充军备,“隐谜”机则成为德军最重要的秘密通信工具. 据统计,德军总共大约购买了 3 万台“隐谜”机. 可惜,谢尔比乌斯没有看到后来“隐谜”机鼎盛时期的到来:1929 年,他死于一场马车事故.

据说希特勒在看了“隐谜”密码机的演示后很兴奋,深信它是不可破解的,因此下令在军队中全面装备这种机器. 后来德军屡受重创,他和他的手下却从来没有怀疑自己的密码系统出了问题.

希特勒及其德国将领们的错误在于,他们低估了数学家的智慧,低估了数学的威力;而且他们不明白这样的辩证道理:机器既然可以用来编密码,当然也能用来破密码.

三、波兰数学家的功绩

第一次世界大战后的波兰，东邻苏联，西接德国，对这两个强大的邻国一直十分警觉. 当时的波兰就像一只身处险境的野兔，时刻竖起警惕的长耳，留心邻国的一举一动. 隶属于波军总参谋部情报机构的密码局，就是波兰的长耳，它一直在监听国外的无线电通信.

虽然波兰的国力远不如它的邻国，却拥有欧洲顶尖的密码技术. 波兰人对德国人的密码系统一直了如指掌，然而到了 1928 年，波军密码局发现德军开始使用一种全新的密码，这种新密码根本无法破解，他们日益不安.

不久，他们做出了一个很有远见的决定：培养数学专业的学生来帮助破译德国人的密码. 当时的这种做法实属一项创新举动，因为那时人们都认为破译密码不需要多少数学知识. 许多国家都请语言分析专家、纵横字谜高手和国际象棋冠军来破译密码，很少找专业的数学家帮忙. 然而，波兰人这样做自有道理，他们知道数学家有可能在密码的破译中发挥出人意料的作用：早在 1919 年，著名的波兰数学家谢尔宾斯基（Waclaw Franciszek Sierpiński，1882—1969）和马苏基耶维茨（Stefan Mazurkiewicz，1888—1945）就曾帮助过波军密码局破译了苏俄的密码. 后来的事实证明，只有采用数学方法，才能对付“隐谜”这样的密码；在波兰密码局工作的年轻数学家取得了巨大的成就. 受到启发的英国人也去找了图灵这样的一流数学家来破解密码，同样获得意想不到的成功.

1929 年 1 月，波兰波兹南大学数学系的一群 20 多岁的大学生和部分研究生被要求宣誓保密，然后开始学习一门密码学课程. 之所以选择波兹南是因为那里曾经被德国统治过，当地人大都会讲德语. 大学生们每周上两个晚上的课，几个星期后就开始破解各种密码，那些无法完成破解功课的学生则被淘汰. 随着课程的深入，破解的密码越来越难，过关的学生也越来越少. 最后只剩下 3 名最优秀者，他们是雷耶夫斯基（Marian Rejewski, 1905—1980，图 33）、齐加尔斯基（Henryk Zygalski, 1907—1978，图 34）和鲁日茨基（Jerzy Różycki, 1909—1942，图 35）.

图 33　雷耶夫斯基

正是这三位年轻的波兰数学家，后来破译了曾经被认为是不可能被破译的“隐谜”密码，其中雷耶夫斯基居功至伟.

图 34　齐加尔斯基

图 35　鲁日茨基

雷耶夫斯基出生于比得哥什市（Bydgoszcz）的一个烟草商人的家庭. 比得哥什这一历史悠久的城市曾在 1772 年被普鲁士德国占领，直到 1919 年，德国在第一次世界大战中失败后，才还给波兰. 因此，雷耶夫斯基是在德国人办的学校里上的小学. 1923 年高中毕业后，考入波兹南大学学习数学；1929 年 3 月获得硕士学位，并在学完了密码学课程后，又去德国著名的格丁根大学学习了一年；1930 年夏回到波兹南大学，在那里一边给学生上课，一边为密码局工作. 1932 年夏，雷耶夫斯基、齐加尔斯基和鲁日茨基三人一起正式加入了密码局. 同年 10 月，密码局的负责人就把那个谁也拿它没办法的德军新密码交给雷耶夫斯基破译. 令他们喜出望外的是，这位年轻人在数周之内就取得了进展.

其实，当时密码局已经知道这种新密码是通过谢尔比乌斯的“隐谜”机产生的. 因为几年前他们在波兰邮局的帮助下，秘密检查了一个寄给德国驻波兰大使馆的邮包，发现里面是一台军用型的商业“隐谜”密码机. 而且，他们还通过其他情报渠道了解到德国人有关使用密码机的一些规定：

（1）相互间进行通信的密码机都有相同的初始设定，其中包括转轮的排列和起始位置以及插口板上的连线接法；初始设定每天变更一次.

（2）发报员在每发一份电文前，先任意选取 3 个字母，作为“隐谜”机加密电文时 3 个转轮的起始位置，这 3 个字母被称为密钥；然后把转轮调到当天规定的起始位置，把个人密钥连续加密两遍，得到一组 6 字母的密钥字符串；最后把密钥字符串加在密文前，用无线电发报机发出.

(3) 收报员收到加密的电文后，先把自己密码机的转轮调到当天规定的起始位置，然后输入密文前 6 字母的密钥字符串，解密得到 3 字母的密钥；再把 3 个转轮分别调到这 3 个字母的位置，开始解密正式的电文.

但是，波兰人即使掌握了这些信息，他们对“隐谜”仍然无可奈何.

由于常规的破译方法对于“隐谜”密码毫无作用，雷耶夫斯基决定另辟途径，从分析密码机的工作原理着手. 他发现从数学的角度来看，密码机的作用就是对 26 个字母进行置换 (permutation)：(以下的介绍请参照上节所述“隐谜”的结构和加密过程；对数学符号和公式不感兴趣的读者可以跳过有关内容.)

比如说，字母 a 被加密成 x；那么，如果用 T 这个符号来表示密码机的置换作用，就有

$$T(\mathrm{a}) = \mathrm{x}. \tag{1}$$

由于密码机的置换是由每个转轮、反射轮和插口板的置换合成的，因此，如果用 L, M, N 分别表示左、中、右三个转轮的置换，用 R 表示反射轮的置换，S 表示插口板的置换，则有

$$T = S^{-1}N^{-1}L^{-1}M^{-1}RMLNS. \tag{2}$$

由于每打一个字，右转轮就要进一格 (暂不考

虑中间和左边转轮的进格)，其置换也要随之改变.设右转轮的置换在进格前为 N_1，进格后为 N_2，进格所引起的接线排列变化为 P，则有

$$N_2 = P^{-1} N_1 P. \tag{3}$$

相应的，整个密码机的置换则从 T_1 变到 T_2.

顺便介绍一些代数学知识. n 个元素的所有置换通过合成关系形成了一种代数结构，叫做“置换群”. 置换群首先由 19 世纪法国天才数学家伽罗瓦发现 (Évariste Galois，1811—1832)，他当时只有 19 岁；他通过研究多项式方程根的置换群结构，获得了方程有无根式解的判定条件. 伽罗瓦的工作开创了现代代数学.

雷耶夫斯基在给出了上述的置换群方程后，断定只要解出这些方程，就能够破解“隐谜”. 但是在一般情况下置换群的结构很复杂，所以这些方程几乎无法解出. 幸运的是，他发现了“隐谜”两个致命的弱点，使得局面完全改观.

其中一个弱点来自于密码机的结构. 如上一节所述，密码机上有个反射轮，由于该轮的作用使得加密和解密的过程完全一样，即如果键入字母 a 得到 x，则键入 x 就得到 a. 如此操作当然很方便；但对于密码的安全来说，这种方便是一场灾难. 雷耶夫斯基发现，由于“隐谜”的这一功能，使得它的置换群结构变得简单：所有的置换 T 都是字母的两两对换 (transposition). 这就大大降低了求解置换群方程的难度.

"隐谜"的第二个弱点来自于它的操作规程. 如前所述, 每份"隐谜"电文的开头都有一组 6 字母的密钥字符串, 它是通过把反映转轮初始位置的 3 字母密钥重复加密得到的; 重复加密的目的是为了确保接收方能够获得解密电文所需的密钥, 但它也提供了雷耶夫斯基求解置换群方程的钥匙: 比如说, 在某天"隐谜"的某一份密文中, 起首的密钥字符串为

$$\mathrm{d\quad m\quad p\quad v\quad b\quad m},$$

则可以假设加密前相应的明文字母是

$$\mathrm{x\quad y\quad z\quad x\quad y\quad z},$$

这 xyz 三个字母就是该电文的密钥, 也就是加密电文时 3 个转轮的初始位置参数, 它们对于破译者来说是未知的. 用置换的语言来描述: 如果假设密钥字符串上第 1 个位置上的置换为 T_1, 第 2 个位置为 $T_2, \cdots$, 第 6 个位置为 T_6, 则有

$$T_1(\mathrm{x}) = \mathrm{d}, T_2(\mathrm{y}) = \mathrm{m}, T_3(\mathrm{z}) = \mathrm{p},$$

$$T_4(\mathrm{x}) = \mathrm{v}, T_5(\mathrm{y}) = \mathrm{b}, T_6(\mathrm{z}) = \mathrm{m}, \tag{4}$$

其中 $T_1, \cdots, T_6$ 当然是未知的. 但是根据以上分析, 知道 $T_1, \cdots, T_6$ 都是两两对换的置换, 所以有 $T_1(\mathrm{d}) = \mathrm{x}, T_2(\mathrm{m}) = \mathrm{y}, T_3(\mathrm{p}) = \mathrm{z}$. 于是从 (4) 式可以得到

$$T_4(T_1(\mathrm{d})) = \mathrm{v}, \quad T_5(T_2(\mathrm{m})) = \mathrm{b},$$

$$T_6(T_3(\mathrm{p})) = \mathrm{m}. \tag{5}$$

这样，如果令置换 A 为 T_1 和 T_4 的合成，B 为 T_2 和 T_5 的合成，C 为 T_3 和 T_6 的合成，则置换 A, B, C 是部分可知的. 雷耶夫斯基观察到，只要一天能够截获 80 份“隐谜”密文，则 26 个字母都会在密钥字符串的 1 到 6 的每个位置上出现. 这样就可以完全决定置换 A, B, C! 雷耶夫斯基把这三个置换称为这一天“隐谜”密码的“特征集”，因为它在一天里不变.

下一步是要通过特征集求出 $T_1, \cdots, T_6$. 注意到 $T_1, \cdots, T_6$ 都是两两对换，所以特征集中的置换都是由两个两两对换合成的. 雷耶夫斯基证明了下面一条关于两两对换合成的置换群定理.

定理：在由两个两两对换合成的置换中，所包含的长度相同并且不相交的圈的个数总是为偶数；反过来，如果一个置换中出现的长度相同并且不相交的圈的个数总是偶数，那么，它一定可以分解为两个两两对换的合成.

这里要解释一下“圈”的概念. 如果在一个置换中，把两两不同的元素 a_1 换成 a_2, a_2 换成 $a_3, \cdots, a_n$ 换成 a_1，则称该置换包含一个长度为 n 的圈，记为 $(a_1a_2\cdots a_n)$. 例如，本文多次提到的“对换”其实就是一个长度为 2 的圈.

这条定理被人称为是“打赢第二次世界大战的定理”[11]! 它给出了求解 $T_1, \cdots, T_6$ 的方法：只要找出特征集置换的所有对换合成就可以了. 不过，找到的解往往有数千个. 这时就需利用截获的密文中的语言特点进行筛选. 最后，雷耶夫斯基终于求出

了 $T_1, \cdots, T_6$.

再下一步是要确定转轮上的接线方式. 从理论上讲, 只要通过比较多天的特征集并利用置换群方程 (2), 就能够做到这一点. 当然, 需要很复杂的计算. 然而, 雷耶夫斯基的面前突然出现了一条捷径.

1932 年 12 月, 法国密码局局长贝特朗 (Gustave Bertrand) 造访波兰密码局. 他随身带来一包东西, 里面是德军关于"隐谜"密码机的操作手册和 1932 年 9 月和 10 月的两个月里每天"隐谜"的初始设定值, 即转轮的排列与起始位置以及插口板上的接线方式! 原来这些材料是德国密码局中负责掌管"隐谜"资料的军官施密特 (Hans Thilo Schmidt) 为了赚钱而卖给法国人的. 但是法国人拿到这些东西却不知道如何利用. 因为法国和波兰有情报合作协议, 所以就复制了一份送给波兰密码局.

雷耶夫斯基拿到了这些宝贵的材料后, 立即利用其中详细的数据算出了每个转轮上的接线方式. 至此, 德军使用的"隐谜"密码机的结构已经完全清楚了. 为了进一步破译的需要, 波兰密码局立即仿制了数台"隐谜"机. 这是在 1932 年年底. 现在, 只要找到德军使用的"隐谜"机的每天的初始条件, 然后把截获的密文输入到有相同初始条件的复制"隐谜"机上, 就可以得到明文了. 就在这个时候, 1933 年初, 雷耶夫斯基的两个同学, 齐加尔斯基和鲁日茨基, 加入了破译"隐谜"的队伍.

三位年轻的波兰数学家发现: 利用雷耶夫斯基的定理可以证明, 特征集中所包含的圈的长度和个数只与转轮的排列和初始位置有关，而与插口板的接线无关. 于是他们决定把所有的特征集按其所包含的圈的长度和个数分类. 雷耶夫斯基为此设计了一台回转机（cyclometer），它由 6 个转轮组成，相当于两台“隐谜”机转轮的对接（图 36）.

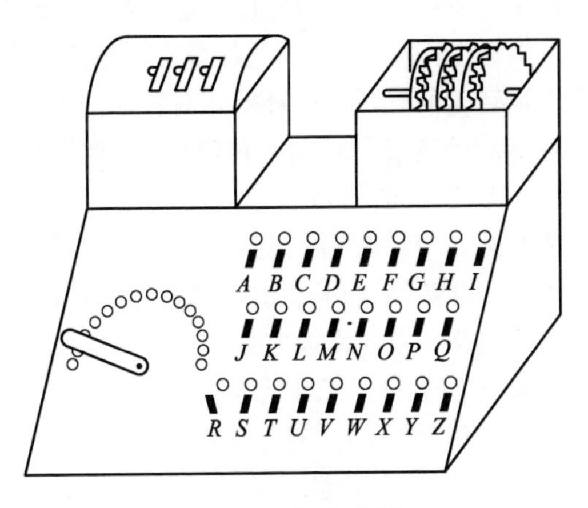

图 36　回转机草图

回转机可以连续运转，依次显示 $26^3 = 17\,576$ 个转轮初始位置所对应的特征集置换中所包含的圈的长度和个数. 把这些数据记录下来后，再调换转轮的排列位置，让回转机重新运转，就可以得到转轮的另一排列的数据了. 这样，经过大约1年的连续运行，终于收集到了全部数据. 现在，在计算出每天密码的特征集后，只要花几分钟查一下分类记录，就可以知道它所对应的转轮排列和初始位置了. 最后一步是要确定插口板上 6 对线的排列，但这并不很困难，采用语言分析的方法就能解决. 至此，“隐谜”

遂告破解. 以后几年，波兰密码局每天破译大量的德军电报.

如果说谢尔比乌斯发明的“隐谜”机标志着机器加密时代的开始；那么雷耶夫斯基设计的回转机则预示了机器破译日子的来临.

到了 1938 年 9 月 15 日，德国人突然改变了每天发报的操作规程：不再直接设定转轮初始位置，改为设定转轮的外环与内环的相对转动位置（等于在外环不动的情况下转动了转轮）. 发报员在每次发报前，先任意选择转轮的初始位置，并重复加密任意选取的 3 字母密钥，得到一个 6 字母的密钥字符串；然后把转轮调到密钥指定的初始位置，开始加密正式电文；发送无线电报时，开头是表示转轮的初始位置 3 个明文字母，其次是 6 字母的密钥字符串，最后是正式密文. 对方收到电报后，先按电文中开头 3 个明文字母设定转轮的初始位置，并解密随后的 6 字母密钥字符串，得到 3 字母密钥，最后把转轮调到密钥指定的位置，开始解密正式电文.

这样一来，基于每天转轮不变初始位置的特征集就不存在了，原来的破译方法不能用了. 但是，现在有了以明码显示的转轮初始位置；所以只要知道其内外环的相对位置，就能够破译密码. 年轻的波兰数学家们很快找到了解决方法.

因为发报员仍然要重复加密 3 字母密钥，所以映射关系 (5) 还是存在；即加密后得到的 6 个字母中，第 1 与第 4 字母，第 2 与第 5 字母以及第 3 与第 6 字母之间的关系，由一个置换确定，而这个置换是由两个两两对换合成的. 在这 3 对字母中，经常会出现两个字母相同的字母对. 比如说，在一份"隐谜"电文中，被重复加密的密钥起首的 6 个字母是 p s t p w a，则第 1 个字母和第 4 个字母都是 p，它们是字母相同的字母对. 这种字母对就是置换的"不动点"，也就是置换中长度为 1 的"圈". 利用雷耶夫斯基定理可以证明，这种不动点的分布只与转轮的排列与位置有关，而与插口板上的接线无关. 于是，一旦给出了转轮所有排列和位置上的不动点分布，只要把截获密文中密钥字符串的不动点与之比较，就可以确定转轮的位置；然后减掉发电报时转轮的初始位置，就得到转轮内环与外环的相对位置，从而就能破译当天的全部密码了. 然而，由于转轮的排列和位置有 $6 \times 26^3 = 105\,456$ 之多，要完成这种比较是很困难的. 于是齐加尔斯基设计了一种"穿孔纸"（perforated charts)，上面针对转轮的各种排列位置上的不动点，打上相应的孔（图 37）. 现在，每天要把截获密文中密钥字符串的不动点所对应的穿孔纸叠上去，就会遮住一部分空洞；随着叠加的穿孔纸增多，遮住的空洞也增加；最后只剩下一个空洞没有遮住，这就对应了转轮的一个位置. 就这样，再一次破解了"隐谜"的密码.

有些时候，破译工作会变得十分简单. 因为一些德国发报员设定转轮的初始位置和个人密钥时，往往漫不经心、贪图省事，结果轻易地提供了破译的捷径. 如当一篇电文的起首 3 个明码字母（转轮初始位置）是"HIT"时，那么紧接在后面重复输入的 3 字母密钥很可能是“LER”, 即“HITLER”(希特勒); 当起首 3 个明码是“BER”时, 后面 3 个密码很可能是“LIN”, 即“BERLIN”(柏林); 有个发报员经常用他的女朋友的名字“Cillie”来设置参数, 从而当一篇电文的起首 3 个明码是“CIL”时, 后面 3 个密码很可能是“LIE”; 还有些偷懒的发报员老是用“QWE”(键盘左上角的 3 个字母) 作为密钥.

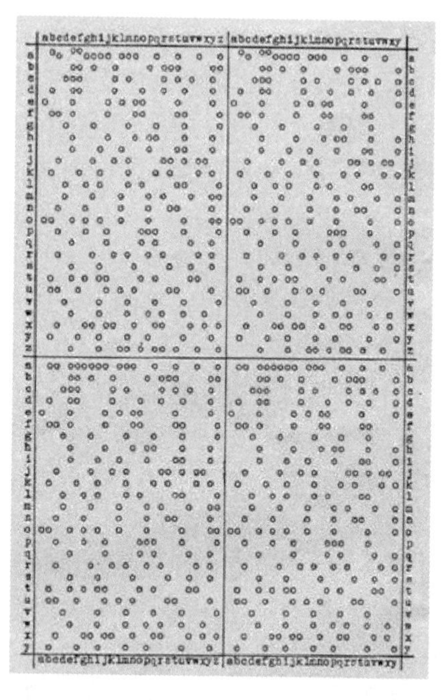

图 37　齐加尔斯基设计的“穿孔纸”

为了应对“隐谜”机的不断改进, 年轻的波兰数学家们还设计了其他新方法. 鲁日茨基设计了一种

“时钟方法”，它可以用来算出 3 个转轮的排列顺序. 雷耶夫斯基最后设计了一种叫做“炸弹”（Bomba）的装置，据说这一名字是鲁日茨基借用当时的一种冰淇淋名而得来的.

“炸弹”其实是回转机的改进，它相当于把 6 台“隐谜”机连在一起；只要输入适当的数值，它就可以在两小时内算出转轮的位置和插口板的接线方式. “炸弹”后来经英国数学家图灵等人的改造，成为破译“隐谜”的重要工具.

随着德国法西斯的气焰越来越嚣张，战争已渐渐临近. 德军对“隐谜”的改进越来越频繁. 除了上述取消设定每天转轮的初始位置，德军还于 1937 年 11 月 1 日更换了反射轮，并把插口板上的 6 对接线增加到 10 对；1938 年 12 月 15 日，3 个固定的转轮增加到了 5 个，然后每天从中任选 3 个使用；并且，德军的不同部门开始使用不同设置的“隐谜”机.

新的改进措施给波兰人的破译工作带来了一时难以克服的困难. 而战争已经迫在眉睫. 这时，波兰密码局审时度势，做出了一个重要的决定.

1939 年 7 月 24—26 日，英国、法国和波兰的密码局官员们集中在波兰密码局开会. 三位波兰年轻数学家出席了会议. 会议期间，英法的代表们各自收到波兰同行们送的一份意外的礼物：复制的德国军用“隐谜”密码机、“炸弹”机、穿孔纸，以及关于破解“隐谜”密码数学理论和技术方法的详细说明,等等. 面对这份礼物，英国人和法国人都目瞪口呆：原来他们的波兰同行早已破译了“隐谜”！而他们自己长期以来一直想方设法破解它，却没有取得任何进展.

在此之前，德国已于 1938 年 3 月吞并了奥地利，又于 1939 年 3 月吞并了捷克斯洛伐克，眼看下一个目标就是波兰了. 果然，波兰密码局这次会议一个多月之后，1939 年 9 月 1 日，德国大举入侵波兰. 这以前一直对德国采取"绥靖政策"的英、法再无退路，遂于 9 月 3 日向德国宣战，第二次世界大战终于爆发了.

战争一开始，波兰密码局就销毁了所有的设备和资料，撤退到了罗马尼亚的布加勒斯特市，雷耶夫斯基、齐加尔斯基和鲁日茨基也到了那里. 9 月 17 日，波兰政府流亡国外；9 月 28 日，首都华沙沦陷，波兰亡国. 9 月底，三位波兰年轻数学家来到了法国巴黎，开始为法国情报机构工作，继续破译"隐谜"密码. 1940 年 6 月 22 日，法国贝当政府向德国投降，雷耶夫斯基三人又去了阿尔及利亚. 同年 9 月，他们化名潜回法国南部维希市，开始为一个叫做"卡迪斯"（Cadix）的盟军地下无线电情报站工作，该情报站设在一个别墅里. 他们继续破译德国人的密码，但已经不接触德军使用的"隐谜"了. 1942 年 1 月，三人中最年轻的鲁日茨基在从阿尔及利亚返回卡迪斯的途中，由于客轮沉没而丧生.

同年 9 月，由于怀疑已被德军的天线探测车发现，卡迪斯无线电情报站被下令立即解散. 雷耶夫斯基和齐加尔斯基辗转逃往西班牙和葡萄牙，途中不断遭受抢劫和监禁. 最后于 1943 年 8 月来到了英国. 随即加入了在英国的波兰军队,负责破译德国党卫队及其保安机关使用的手工密码,直到第二次世界大战结束.

图 38　雷耶夫斯基、鲁日茨基和齐加尔斯基
1940 年在法国的卡迪斯

1946 年 11 月 2 日,雷耶夫斯基回到了重新独立后的波兰,与离散了多年的妻儿团聚. 为了家庭不再分离,他谢绝了重回波兹南大学教数学的邀请,而是在家乡比得哥什市的一家电缆厂里担任销售主管. 他一直拒绝向波兰安全机关透露本人在战前和战时破译密码的工作. 处于“冷战”时期的波兰当局,当然不会善待这个历史不清白的前反动政府军官. 雷耶夫斯基甚至遭受了解雇. 后来他找到了一份记账员的工作,直到 1967 年退休. 20 世纪 70 年代以后,波兰数学家破译“隐谜”的丰功伟绩逐渐公

开，他才开始向人们讲述自己的过去. 1978 年 8 月 12 日，他获得了“波兰复兴十字勋章”. 波兰数学会也授予他一枚特别奖章. 1980 年 2 月 13 日，雷耶夫斯基因心脏病在家中去世. 2000 年，雷耶夫斯基、齐加尔斯基和鲁日茨基被追授“波兰复兴大十字勋章”. 1983 年，在纪念“隐谜”密码被破译 50 周年之际，在家乡比得哥什市，以雷耶夫斯基的名字命名了一条街道和一所学校. 2005 年，雷耶夫斯基诞辰 100 周年，比得哥什市还为他建了一座铜像.

齐加尔斯基则在战争结束后一直留在英国，在巴特尔西 (Battersea) 技术学院任教. 1978 年齐加尔斯基在普利茅茨去世.

第二次世界大战甫一结束，世界就进入了东西方阵营之间对抗的“冷战时期”. 美英两国仍然要极力保守他们的“超级机密”. 波兰数学家破译德军“隐谜”的殊勋因此被长期埋没. 连英国二战时期的情报高官温特博瑟姆在他 1974 年的回忆录中仍然以为，是英国人自己独力完成了“隐谜”密码机的破译. 但之后不久，真相一点点地被揭开，最后大白于天下. 这 3 位波兰数学家英雄终于得到了他们应得的荣誉.

四、英国布雷契莱庄园的故事

虽然波兰人天才地破译了早期的“隐谜”密码，但以他们的数学能力和国家实力尚不能或来不及应付德国人后来对“隐谜”的一系列改进措施，最终无法阻止亡国之灾. 所幸的是，他们及时地把破译的关键技术和设备传交给了英、法两国. 然而，波兰沦陷后不到1年，法国人还来不及改进波兰人的成果，就被德国的闪电战一举击败，只得宣布投降. 于是，继续破解“隐谜”以争取反德国法西斯战争胜利的重任，很自然地落到了英国人的肩上.

作为欧洲老牌帝国的英国，不但拥有远胜于波兰的科学、技术、军事和经济的强大实力，而且对于密码战有着丰富的经验. 早在第一次世界大战中，它就在这方面略胜德国一筹，并最终赢得了战争(见本部分一中的有关内容). 20 多年后，英国又要与德国进行一场殊死较量. 在这场战争的开始阶段，英国人曾经处于极为被动的境地，同时在海、陆、空三方面遭到德国的沉重打击，其中一个重要原因就是他们没有找到破译“隐谜”的方法. 现在，波兰数学家取得的惊人成就给英国人带来启发，他们也开始让优秀的数学家们负责破译改进的“隐谜”密码，不久即取得重大进展，从而很快扭转了战争局面.

布雷契莱庄园成为英国二战时期的密码中心

距英国首都伦敦西北约 75 千米，有一座 20 世纪 60 年代才建立的新兴城市，叫做米尔顿凯因斯(Milton Keynes) 市；位于该市的西南部有一个小镇，叫做布雷契莱 (Bletchley) 镇；镇上有一个占地 22 公顷的庄园，叫做布雷契莱庄园 (Bletchley Park)；该庄园是第二次世界大战中英国最神秘的地方. 英国于 1939 年将其负责截听和破译国外无线通信的情报机构秘密地搬入此地. 该机构的公开名称叫做“政府密码学校”(Government Code and Cipher School). 德国人做梦也没有想到，这个破旧的庄园中隐藏着英国人最致命的战争武器，其作用甚至超过一千架飞机、一万辆坦克和 100 万精锐部队. 在整个二次大战期间，缺乏防卫设施的布雷契莱庄园几乎没有遭受过敌机的轰炸.

图 39 布雷契莱庄园，二次世界大战期间英国密码破译机构所在地，1992年起对外开放，供旅游者参观

布雷契莱庄园的“政府密码学校”在鼎盛时期拥有约 9 千名工作人员，其中有不少国际象棋冠军、纵横字谜高手和通晓多国语言的专家，这几类人一直是传统密码战场上的主力军. “学校”有时会采用一些别出心裁的方法来招募人才. 如有一次，他们请《每日电讯报》(The Daily Telegraph) 举办一场纵横字谜比赛，凡是在 12 分钟内完成字谜游戏的

参赛选手都被询问“是否愿意从事一种能为战争作贡献的特殊工作”.

“学校”中最早负责破解“隐谜”机的，是位名叫诺克斯（Alfred Dillwyn Knox, 1884—1943）的资深密码专家. 这位脾气古怪、智力超群的语言天才早在第一次世界大战中就曾破译过德国人的密码. 但这次对付“隐谜”机，他却感到束手无策. 他参加了1939 年 7 月在波兰密码局召开的那次历史性会议，惊讶地面对波兰人提供的“隐谜”密码机复制品以及破解技术和设备，高傲自负的诺克斯不得不表示佩服和感谢. 当然，诺克斯绝非等闲之辈，他后来根据波兰数学家提供的“隐谜”机内部接线规律，运用语言学方法成功破译了意大利海军和德国军事情报局（Abwehr）使用的商用“隐谜”机的密码. 这种“隐谜”机上不带插口板，比德国军队中使用的密码机简单得多.

直到 1939 年初，“密码学校”才招募进第一名有数学背景的新人，他的名字叫特温（Peter Twinn, 1916—2004），牛津大学布拉斯诺兹学院数学系毕业，在进“学校”工作前，正在学习物理学研究生课程. 他被分配给诺克斯做助手. 然而，诺克斯却怀疑一个学数学的人在破译密码中会有什么作用. 他只花了 5 分钟时间向特温传授了密码基本知识，然后让他独自一个人瞎捣鼓去了.

波兰人的成功终于让英国人认识到，要破解像“隐谜”这样的现代密码，数学家才是最合适的人选.“政府密码学校”马上从英国著名学府剑桥大学招来三位优秀数学家，他们是杰弗里期（John Jeffreys）、威尔仕曼（William Gordon Welchman, 1906—1985）和图灵（Alan Mathison Turing，1912—1954）. 连同前些时候进来的特温，这 4 位数学家分别为破解"隐谜"做出了不同的贡献.

特温运用波兰人发明的方法，于 1940 年 1 月为英国破译了第一份"隐谜"密码. 他不久被调去做图灵的助手，帮助破译德国海军的密码. 又于 1942 年，接替因患癌症而住院的诺克斯，负责破译德国军事情报局的密码. 他帮助盟军成功地向德国人散布了假情报，从而顺利实现 1944 年诺曼底登陆.

杰弗里斯改进了波兰数学家齐加尔斯基发明的"穿孔纸"：原先的穿孔纸只能用来寻找配有 3 个转轮的"隐谜"机的初始参数，改进后的穿孔纸则能够破解配有 5 个转轮（每次选用其中 3 个）的"隐谜"机. 在破译过程中需要大量使用这种穿孔纸，它们由杰弗里斯负责生产和保管，所以在布雷契莱庄园称之为"杰弗里斯纸". 杰弗里斯纸是英国最初破译"隐谜"电文的主要手段. 直到 1940 年 5 月，德国人再一次改变了"隐谜"机的操作规程，穿孔纸方法才失去作用.

威尔仕曼在开始曾经被指派负责德军无线通信的监听分析工作（traffic analysis）. 他立即发现，即使不知道德军通信的内容也能从通信的长短、频次、时间和方位以及它们的变化中分析出许多情报，而且这些情报可以帮助破译通信内容. 他因此向上级提出了关于布雷契莱庄园中人员机构安排的重要建议：要大大增加人力物力，以全面监听德军的无线通信并加强通信分析、密码破译和情报分析等各个环节的工作，只有这样才有可能提高破译密码的效率，及时获取大量有价值的军事情报．上级部门马上采纳了他的建议：布雷契莱庄园中的工作人员从 30 人左右很快增加数倍，并且随着破译工作的进展在一直不断地增加，几年后达到了数千人．同时兴建起一批棚屋，每个棚屋负责特定的工作．其中：

> 六号棚屋负责破译德国陆军和空军的“隐谜”密码，由威尔仕曼领导；
>
> 三号棚屋负责分析由六号棚屋破译得到的德国陆军和空军情报；
>
> 八号棚屋负责破译德国海军的“隐谜”密码，由图灵领导；
>
> 四号棚屋负责分析由八号棚屋破译得到的德国海军情报．

威尔仕曼还发明了专门破解“隐谜”机插口板上接线方式的“对角板”（Diagonal Board）方法，它对于提高破译“隐谜”密码的效率极有帮助．

然而，毫无疑问，对破解“隐谜”机做出最大贡献的是阿兰・图灵——20 世纪杰出的数学家、现代计算机科学的奠基人．

图灵等人制造破译“隐谜”密码的“炸弹”机

图灵 1912 年 6 月 23 日出生于英国伦敦，父亲曾在印度马德拉斯邦政府机构中工作，母亲则是马德拉斯铁路局总工程师的女儿. 图灵 1931 年进剑桥大学国王学院，学习量子力学、数理逻辑和概率论，1935 年以优异成绩毕业留校做研究员. 1936 年发表了著名的论文“论可计算数及其在判定问题中的应用”，其中提出了“通用计算机”（后来被称为“图灵机”）的概念，并以此证明了希尔伯特“判定问题”①无解，该文后来被认为开创了现代计算机理论科学. 图灵于 1936 年去美国普林斯顿大学攻读博士学位，在那里学习逻辑、代数和数论. 1938 年，他谢绝做冯·诺伊曼助手的邀请，回到了剑桥大学. 不久，就被召进“政府密码学校”.

图 40　图灵和他在布雷契莱庄园的工作场所：八号棚屋

来到布雷契莱庄园之后，图灵开始重新思考有关“隐谜”破译的问题. 他发现波兰同行的破译方法依赖于对每份“隐谜”电文前被重复加密的 3 字母密钥（见上一节介绍）的分析，这种做法有很大的局限性：一旦德国人对机器结构和操作规则稍加变动，

① 希尔伯特“判定问题”的大意为：是否存在能够判定任意一个数学命题可证与否的通用方法或程序?

就会导致方法失灵，只能推倒重来. 事实上，当时波兰人的方法已经很难奏效，必须尽快找到新方法.

前面已经指出，雷耶夫斯基发现了“隐谜”机的一个严重缺陷：它的加密置换群总是由字母的两两对换构成，即如果把 A 加密成 Q，则一定会把 Q 加密成 A，利用这个缺陷，雷耶夫斯解出了加密过程的置换群方程. 现在图灵经过仔细分析“隐谜”机的工作原理，发现了它的又一个严重缺陷，那就是它永远不会把一个字母加密成本身，即永远不会把 A 加密成 A、把 B 加密成 B，等等（上一节中提到的字母“不动点”，是由两次加密合成而产生的）. 利用这一缺陷，图灵在 1939 年底提出了一种基于 crib 的破解方法.

“crib”的原意是指考试作弊时的夹带，在这里表示一段未加密的文字或字符串. 图灵的新破解方法如果用手工来操作，则大致如此：设已确认一份加密电文中包含了一段 crib 内容，则将密文与 crib 上下并排对齐，然后逐个位置比较上下字母；如至少有一个位置的上下字母相同，则将 crib 右移一位，继续比较；直到发现两者在所有的对应位置上没有相同的字母，则密文中的这段字符串很可能是对应 crib 内容的加密文字，于是得到这些位置上的一些加解密字母之间的对应关系. 可以证明，只有少量的“隐谜”机转轮的组合设置才能够正好在那些位置上将给定的 crib 加密成所对应的字符串，从而排除了大量的不符合要求的转轮组合设置，使得进一步的破译工作大大简化. 据统计，一份加密电文中只要含有 30 个字母左右的 crib 就可以被破解.

最早利用 crib 的其实仍然是波兰人. 他们发现德军的有些“隐谜”电文因内容很长, 需要分几次发送, 于是在后续电文的开头会有提示; 比如说上一次电文是在 23 点 30 分发送的, 那么下一次电文的开头就应该有“FORT 2330 2330”(“继续 23 点 30 分的电文”, 其中时间要重复一遍). 由于“隐谜”机用键盘上排的顺序字母来表示数字 (即用 QWE···P 来分别表示 123···0), 用字母 Y 来表示词与词之间的空格, 所以这一电文开头就成了“FORTYWEEPYYWEEPY”. 这串字符是在第二次世界大战的密码战中最有名的 crib, 波兰人和英国人都曾经利用这种形式的 crib 破译了德军的一些电文. 然而, 波兰人对 crib 的利用仅限于此. 图灵的方法则针对“隐谜”机的缺陷, 可以利用在加密电文中各个位置上的 crib. 该方法的一大优点是, 它仅依赖于对电报密文本身的分析而不依赖于对其收发报方式的分析. 尽管德军后来又数次改进“隐谜”机和改变收发电报的操作规则, 但并没有影响图灵方法的有效性.

图灵方法需要利用足够多的 crib. 那么, 如何找到它们呢? 事实上, 利用德国人刻板的行文风格和密码机操作上的漏洞, 不难找到所需的 crib, 有时甚至能够预言它们必然出现在密文中的某个位置上, 如以上提到的“FORTYWEEPYYWEEPY”例子. 又如某台“隐谜”机总要准时发送该地区的天气预报, 这段电文总是以“VORHERSAGEBEREICH

SIEBEN”（七号地区的天气预报）开头，这也给英国人提供了所需要的 crib.

有时，由于种种原因，德国人会把同样的电文内容用新旧两种参数加密各发送一遍；这时就有可能利用旧参数加密发送的电文作为 crib 来破解新参数的密文了. 这种 crib 在布雷契莱庄园被叫做“接吻”（kiss）.

还有些时候，为了获得所需要的 crib，英国人会刻意制造一些事件，引发德军在来往电文中使用某些词. 如故意在某一地区布雷，当地的德军就会立即向上级报告，请求派工兵来扫雷. 这样，在来往电文中一定会包含“地雷”这个词. 这种获取 crib 的方法在布雷契莱庄园被称为“种花”（gardening），它屡试不爽.

如果真的用人工来实现图灵的方法，则需要花费大量的时间，效率太低. 因此，必须使用机械和电气化的手段. 图灵于是和威尔仕曼以及英国制表机公司（British Tabulating Machine Company）的总工程师基恩（Harold Keen, 1894—1973）合作，改进了波兰人发明的“炸弹”机. 改进后的装置仍然叫做“炸弹”，只是其名称的字母拼写从波兰人的“Bomba”改成英国人的“Bombe”. 英国人所以仍然使用这个名字，是因为这种机器运转的时候会发出钟表一样的嘀嗒声，就好像一颗上了发条的定时炸弹. 新“炸弹”机结合了图灵的 crib 方法和威尔仕曼的“对角板”方法，使得破译“隐谜”密码的工作效率大大提高.

1940 年 3 月，第一台造好的“炸弹”机运送到布雷契莱庄园的一号棚屋. 它大约有 1 吨重，高 6 英尺[①]半、长 7 英尺、宽 2 英尺（见图 41）. 它有 36 组转轮，每组中有转轮 3 个，所以它实际上相当于 36 台“隐谜”机的组合，而雷耶夫斯基原先设计的旧“炸弹”机则仅相当于 6 台“隐谜”机的组合.

图 41　专门破译“隐谜”密码的英国“炸弹”机

第一台“炸弹”机运行的效果不太理想. 同年 8 月，经过改进的第二台“炸弹”机造好投入使用，其效率提高了许多. 1941 年，使用中的“炸弹”机增加到 16 台；1943 年，增加到 49 台；1944 年，99 台；而到了 1945 年，“炸弹”机的总数达到 211 台，操作人员有近 2 000 名. 这些机器几乎全都每天 24 小时不停地运行，只除了必要的维护保养时间外. 在这

① 1 英尺 = 0.304 8 米.

场战争中,"炸弹" 破译了德军 90% 以上的 "隐谜" 电文, 为赢得战争的胜利作出了重要的贡献.

图灵破译德国海军的"隐谜"密码

图灵主要负责破译德国海军的"隐谜"密码. 这在布雷契莱庄园被认为是最困难的任务. 德国海军历来极其重视无线通信的可靠性和保密性, 它率先在德军中使用 "隐谜" 密码机. 在二次大战中, 邓尼茨海军上将指挥的 U–潜艇舰队平时悄无声息地潜行在大西洋海中, 直到发现合适的目标——美英运输船队后, 才通过无线电报招来同伙以 "狼群" 战术展开凶猛的攻击. 无线保密通信对于潜艇舰队的生存和胜利至关重要. 因此, 德国海军即使对于所信赖的 "隐谜" 机也频繁地加以结构和操作方式改进, 以确保它无懈可击、绝对可靠.

二次大战前夕, 德国空军和陆军的"隐谜"机的转轮从 3 个增加到 5 个, 这已经给波兰破译者带来了巨大的困难. 而德国海军 "隐谜" 机的转轮又继续增加到 7 个, 最后增加到 8 个 (每天按规定选用 3 或 4 个) !

从 1937 年 5 月 1 日起, 德国海军的 "隐谜" 机突然开始使用与空军和陆军不同的操作规程. 新规程很复杂, 它包括每天密码机初始参数的设置和每份电文的收发操作 :

1. 密码机每天初始参数的设置

规定在每天的零点更新 "隐谜" 机的初始参数, 其中包括 4 组参数: a) 选择 3 个转轮并规定其左中右位置；b) 设定各转轮的内外轮之间的相对位置；c) 设定插口板上的 10 对接线；d) 3 个转轮的初始位置. 相互间通信的“隐谜”机的初始参数都相同，在一天之内不更动. 图 42 是德国海军“隐谜”机的每天参数更新表的部分内容.

Geheim!　　Sonder - Maschinenschlüssel BGT

Datum	Walzenlage	Ringstellung	Steckerverbindungen	Grundstellung
31.	IV II I	F T R	KR AT FW SN UY DF GV LJ BO MX	vyj
30.	III V II	Y V P	OR KI JV OK ZM KU BF YC DS GP	oqr
29.	V IV I	O H R	UX JC PL BN TA ED ST DS LU MI	vhf

图 42　德国海军“隐谜”机的每天参数更新表

图 42 中每行代表一天的参数设置. 共有 5 栏，依次为日期、左中右 3 个转轮号、各转轮的内外轮之间的相对位置、插口板 10 对接线位置、3 个转轮的初始位置.

2. 每份电文的收发操作

（1）在每次发报前，发报员先根据有关规定，从密钥手册(K-Book)中选 3 个字母，比如说“ARQ”，称为密钥，然后把“隐谜”机的 3 个转轮调到当天规定的初始位置，键入“ARQ”，假设得到“LVN”，再把转轮调到“LVN”位置，开始加密正式电文.

（2）再从密钥手册中选另一组字母，比如说“YVT”；在“YVT”的左边和密钥“ARQ”的右边各增加一个任意的字母，比如说“L”和“N”，然后令它们上下对齐.

LYVT

ARQN

（3）根据当天有效的“双字替换表”（Bigram Table）把以上各列的字母对 LA，YR，VQ，TN 分别替换，比如说替换成为 IJ, TV, US, YX.

（4）发送无线电报时，先发明文 IJTVUSYX，再发正式的密文，最后再发 IJTVUSYX，以示这段电文发送完毕，并保证对方接收到正确的解密参数.

（5）对方接收到无线电报后，首先对字符串 IJTVUSYX 反向操作，得到 3 字母密钥“ARQ”，再按“隐谜”机按当天规定的初始设置，键入“ARQ”，得到“LVN”，再把转轮调到“LVN”位置，开始解密正文.

与原来的操作规程比较，新规程增加了“密钥手册”和“双字替换表”，使破解的难度陡然增加. 更严重的是，取消了原来的重复加密 3 字母密钥的操作，以致波兰数学家发明的破解方法完全失效.

在图灵来到之前，布雷契莱庄园中几乎所有人都认为德国海军的“隐谜”密码是无法破译的，因此没有人愿意为它浪费时间. 图灵来了之后，虽然不久发明了基于 crib 破解方法的“炸弹”机，但由于德国海军的“隐谜”机有 8 个备用转轮，比德国空军和陆军的“隐谜”机多用了 3 个，使得前者可能使用的密码变化范围要比后者大得多；而早期的“炸弹”机运行不太快，所以它们破解德国海军密码的效率很低.

鉴于德国的 U–潜艇正在严重威胁盟军的大西洋生命线，寻找有效的破解德国海军“隐谜”密码方法已成为刻不容缓的任务. 图灵经过一段时间的摸索和研究，终于发明了基于贝叶斯 (Bayes) 统计原理的“班布里方法”(Banburismus)，所以取这个名称是因为实行此方法所用的卡片是在英格兰中部一个叫做“班布里”(Banbury) 的地方制作的.

班布里方法可以用来确定收发“隐谜”电文时密码机右边和中间那两个转轮及其初始位置. 如果该方法得到成功应用，那么下一步用“炸弹”机破解密文就会变得简单，因为只需确定剩下 6 个转轮中的哪一个是“隐谜”机的左边转轮就可以了.

班布里方法基于语言学中这样一个统计事实：把任意的两段文字拿来排成行,上下对齐作比较，查看其中有多少对字母是相同的；则当这两段文字属于同一编码系统时出现相同字母对的概率，明显高于它们不属于同一编码系统时的相应概率. 特别地，对于德文来说，如果两段文字是用不同的方法加密的，则相当于字母的随机配对，其出现相同字母对的概率为 1/26；而如果两段文字都是没有加密的明文或是按相同方式加密的密文，则出现相同字母对的概率为 1/17.

如前所述，每份德国海军“隐谜”电文的头和尾都附有 8 个明文字母，其中隐含了一个 3 字母密钥 (即上面提到的“ARQ”) 的信息. 图灵发现，通过分析大量的“隐谜”电文头尾的明文字母，并利用其他手段，可以部分甚至完全破解“双字替换表”，从而获得每份“隐谜”电文的密钥；在此基础上，就能使用班布里方法. 用班布里方法破解“隐谜”机右边转轮的操作步骤大致如下：

(1) 从当天截获的一批"隐谜"电文中，查找它们的密钥中前两位字母是相同的电文，比如说，电文甲和乙的密钥分别为"ARQ"和"ARX"；由于这对密钥在相同的转轮初始位置下加密，分别得到加密电文甲和乙时左中右 3 个转轮初始位置 (见上面介绍)，所以加密这两份电文时"隐谜"机的左边和中间转轮的初始位置都是一样的，只有右边的转轮初始位置不同.

(2) 把电文甲和乙上下对齐，计数出现的相同字母对数；再将下面的电文乙右移一位，继续计数相同的字母对；再右移 …… 如此右移和计数共 26 次.

(3) 比较各次位移得到的相同字母对的个数，比如说发现当电文乙右移 9 位时，出现相同字母对的个数最大，则根据上述语言学统计规律和贝叶斯原理，可以推测在"隐谜"机的初始位置上加密 X 得到的字母很可能排在加密 Q 得到的字母后面的第 9 位.

(4) 再根据"隐谜"机的加密都是对换 (即如果把 A 加密成 P，则必然把 P 加密为 A) 和永远不会把字母加密成本身 (如不会把 A 加密成 A) 等限制条件，能够确定在"隐谜"机转轮的初始位置上字母加密置换表相当部分的内容.

(5) 只需几次重复 (1) — (4) 的步骤，就能完全确定在"隐谜"机转轮初始位置上的字母加密置换表；然后根据该置换表中字母的跳转规律等，就能确定右边转轮是 8 个备用转轮中的哪一个.

一旦“隐谜”机的右边转轮被破解，进一步使用班布里方法就能确定中间转轮，只是操作更为复杂；最后，利用“炸弹”机就能容易地破解全部密文.

为了提高效率，实际的班布里方法的操作是利用“班布里卡片”进行的. 这种卡片有 25 厘米高，长度从1米到数米不等，上面布满字母列，每列上有 26 个字母，最上是 A 最下是 Z. 如要比较电文甲和乙，只需按照电文内容，分别在对应的卡片上顺序列的相关字母上打洞，然后把两张卡片依照列的顺序依次重叠，在灯光下数露出多少个洞即可.

1940 年 5 月 8 日，用班布里方法破解德国海军的“隐谜”密码首次获得成功. 以后三年里，此方法结合“炸弹”机成为英国人破解德国海军密码的主要手段，为盟军重创德国潜艇舰队、守住大西洋生命线作出重要贡献. 一直到 1943 年 9 月，“炸弹”机的性能有大幅度的提高，只需数十分钟就能破译一份“隐谜”密码，班布里方法才被停止使用.

图灵由于他博学的知识、非凡的才能和平易近人的作风在布雷契莱庄园受到普遍尊重. 大家都称他为“教授”，喜欢向他请教问题. 为了教会别人，图灵专门写了一本关于“隐谜”机的工作原理和破解方法的手册，被称为“教授的书”. 该书也成为美国海军密码局的教材.

1940 年 1 月，图灵出使法国巴黎，把布雷契莱庄园刚研制出来的“杰弗里斯纸”送给盟友法国密码局. 杰弗里斯纸是对波兰数学家齐加尔斯基发明的穿孔纸的改进，可用来破解带有 5 个备用转轮的

“隐谜”机. 图灵与正在那里的波兰三杰——雷耶夫斯基、齐加尔斯基和鲁日茨基——见了面，大家一起交流和探讨了破解“隐谜”机的经验和方法. 1942年 11 月至 1943 年 3 月，图灵作为英国的联络官员出访美国，与美国海军密码局的技术人员交流破解德国海军“隐谜”的技术，并与美国贝尔实验室合作研究保密通话装置.

英国数学家破译德军最高统帅部的“洛伦兹”密码

其实，“隐谜”并非是德国军队唯一的保密通信手段，他们还使用几种加密电传打字机作为通信工具，其中最有名的是由德国洛伦兹电气公司专门为德军生产的“洛伦兹”系列电传加密装置（Lorentz SZ40 与 SZ42）.（图 43）

图 43　洛伦兹加密电传打字机

电传打字机通过通信线路以波特码（Baudot code）方式传输信息，不同于无线电报使用莫尔斯码（Morse

code). 所谓波特码就是在通信线路上以 5 位一组的形式传输的脉冲信号, 每组信号可看作一个 5 位二进制数, 可以用它来表示一个字母或其他符号. "洛伦兹" 电传打字机传输的加密和解密如此进行: 在传输波特码信号时, 按二进制数"异或"运算的规则叠加一组给定的信号, 以达到加密的目的; 对方收到传输信号后, 再叠加同样的给定信号, 从而解密得到原信号. 两个二进制数的"异或" (XOR) 运算的规则是这样的: 在两个数的每一个对应位上, 执行操作

0 xor 0=0, 0 xor 1=1, 1 xor 0=1, 1 xor 1=0

例如, 对于二进制数 11010 和 01011, 有 11010 xor 01011=10001. 容易看出, 异或运算满足交换律和结合律. 而且, 对于任意一个二进制数, 与另一个二进制数连续两次进行异或运算之后, 其值保持不变.

电传打字加密的关键在于如何产生和传递被用于叠加的信号. 这种信号必须在表面上看来是随机产生的, 无规律可循, 以防被破解. 但实际上必须是确定的, 否则合法的接收方将无法解密. 满足这样性质的信号被称为"伪随机信号". "洛伦兹"加密装置使用 12 个齿轮来产生 12 位一组的"伪随机信号": 不同齿轮上的齿数是不同且互素的整数. 这些齿轮有的规则转动有的不规则转动, 由此产生"伪随机信号". 在每次传输正式信号前, 先传一串 12 字符的信号, 被称为密钥, 其中包含了只有合法的接收方才理解的加密齿轮初始位置的信息, 以便于

正确设置接收电传机并解密信号.

与字母变换加密的“隐谜”机比较,“洛伦兹”电传打字机的加密技术更先进，保密性更好. 但它的缺点是体积笨重、结构精细复杂、生产成本高，不像“隐谜”机那样小巧便于携带，结构简单可大量生产，而且使用方便、不易损坏. 所以，德军中大量使用“隐谜”机，而“洛伦兹”机则主要用于德军最高统帅部和高级将领之间的通信联系. “洛伦兹”机虽然使用较少，它所传输的都是具有非常重要意义的战略情报.

英国人在 1940 年初首次截获德军用“洛伦兹”电传机加密的信号. 他们给这种加密装置取名为“鱼”(fish),而用“鱼”加密的信号被称为“金枪鱼”(tunny). 布雷契莱庄园“政府密码学校”的副校长、密码高手梯尔曼准将(Brigadier John Tilman, 1894—1982)正确地判断出“金枪鱼”是用“异或运算”方法加密的. 于是破解的关键在于确定那个被用来叠加在正式信号上的“伪随机信号”. 当然，这是一个非常困难的任务. 幸运的是，在 1941 年 8 月，德国人操作“洛伦兹”机出现严重失误：把一份长达 4000 字符的密文在同样的加密参数下传输两遍，而且第二遍与第一遍的内容稍有差异. 这使得梯尔曼能够通过比较和分析来破解密文，并且意外地获得了 4000 字符长的一串伪随机信号.

梯尔曼准将把这串伪随机信号交给了刚进布雷契莱庄园不久的年轻数学家塔特 (William Thomas Tutte, 1917—2002，图 44) 研究. 塔特成功地从中破解了“洛伦兹”电传机的齿轮结构和转动规律. 于是，现在只要能从“金枪鱼”信号头12字符的密钥中解出齿轮初始位置的信息，就可以解读密文了.

图 44　破解了德军“洛伦兹”电传打字机加密结构的塔特

借鉴图灵的 crib 和班布里方法，塔特和他的同事们很快攻破了“鱼”的密钥传递. 于是，从 1942 年下半年开始，英国人破解了一大批“金枪鱼”密文. 但是，几个月之后，德国人改变了操作规程：不再使用12字符的密钥，而使用密钥的代号；密文的接收者则通过查阅事先给定的密钥手册来获得真正的密钥. 原来的方法不再有效，英国人只得重新开始. 塔特运用统计学理论，终于找到了破解新方法——“双差分”(double-delta) 法. 但是，人工使用这种方法寻找一份“金枪鱼”密文的加密参数需要花费四到六周时间，这显然是不现实的. 这时，数学家纽曼登场了.

著名数学家纽曼 (Maxwell Herman Alexander Newman, 1897—1984，图 45) 是开创组合拓扑学研

究的先驱，也是图灵在剑桥大学的老师. 他曾引领图灵关注可计算理论的研究，并激励他写出了那篇关于可计算数的开创性论文. 1942 年，纽曼也加入了布雷契莱庄园的“政府密码学校”. 听从图灵的建议，纽曼开始参与塔特等人破解“洛伦兹”密码的工作. 纽曼提出，可以用电气装置来自动实现塔特的“双差分”方法. 他的建议被采纳，布雷契莱庄园成立了以纽曼为首的一个专门小组，负责研制这种装置. 不久，新装置造出来了，取名“希斯 · 罗宾逊”（Heath Robinson），这原来是一位英国著名漫画家的名字，该漫画家以善于描绘各种稀奇古怪的机械发明而著称. “罗宾逊”能够实现“双差分”破译方法，但它的速度还不够快，而且经常卡纸. 纽曼于是与在英国邮政总局研究站工作的杰出工程师弗劳尔斯（Tommy Harold Flowers, 1905—1998, 图 46）合作，研制成功一种全新的装置，取名为“马克”（Mark）. 由于它的体积庞大，布雷契莱庄园里的人都叫它“巨人”（Colossus）.

图 45　纽曼提出用机器来破解“洛伦兹”密码

图 46　弗劳尔斯与他制造的“巨人”计算机

首台“巨人”计算机马克一号于 1943 年底在布雷契莱庄园安装，它使用了 1500个电子管，并于 1944 年 1 月破译了第一份“金枪鱼”密码. 1944 年 6 月安装了马克二号，它有 2400 个电子管，速度比马克一号快 5 倍，每秒可处理 5000 个字符，而且结构更简单更可靠. 第一台“巨人”随即也升级到了马克二号，并且又安装另外 9 台这样的计算机. 直到战争结束，总共安装了 11 台马克二号“巨人”计算机. 这些计算机每天 24 小时不停地运转，破译了从德军最高统帅部发出的大量“金枪鱼”密文，获得珍贵的战略情报，为盟军成功实现诺曼底登陆和取得法莱战役的胜利作出了关键性贡献.

二次大战中的英国政府极端重视从布雷契莱庄园获得的情报. 首相丘吉尔下令把这些情报列为国家的“超级机密”（the ultra secret），其重要性超过“顶级”机密（the top secret）. 英国人小心翼翼地利用这个“超级”情报来源. 采取行动时总是采取种种伪装以避免引起德国人对情报泄露的怀疑，有时甚至不惜付出任由部分城市被轰炸和一些商船被击沉的代价.

反法西斯战争最终取得了胜利，但英国人并不想暴露他们赖以制胜的秘密武器. 丘吉尔下令销毁"巨人"计算机，要求"把它砸成不能超过人脑袋大小的碎块". 弗劳尔斯亲手烧毁了计算机的设计蓝图，大部分"炸弹"机也被销毁. 所有的布雷契莱庄园人员都被要求宣誓保证不泄露秘密. 他们的卓越功勋因此被埋没，不能享受应得的荣誉. 相反，一些布雷契莱庄园人在复员回家后，因为不能透露他们在战争中的工作而受到别人痛责：当所有的人都在为保卫国家而流血牺牲的时候，你们在干什么?

战争结束后，布雷契莱庄园里的数学家们大都离开. 特温先在政府技术部负责制造气垫船，后任英国皇家空军飞机研究中心主任，业余时间研究昆虫学. 威尔仕曼于 1948 年移居美国，先在一家公司工作，后为美国军方研究安全通信系统. 塔特回到剑桥大学继续学习，于 1948 年获数学博士学位，后移居加拿大，先后到多伦多大学和滑铁卢大学教数学，在组合论和图论方面有不少出色的工作. 纽曼则去曼彻斯特大学任数学系主任，使该系成为享有世界声誉的数学研究中心.

1945 年，图灵因他在战争中的卓越贡献而获得帝国十字勋章. 1945—1947 年，他在英国国家物理实验室工作，继续研究计算机理论. 1948 年，他也来到曼彻斯特大学，担任大学计算实验室副主任.

在此期间，他开创了计算机与人工智能问题的研究. 1950 年，图灵提出了一个检验计算机是否有思维能力的方法，被称为“图灵测验”（Turing test）：由一个提问者向被分别隔离开来的两个受问者提问，其中一个是人，而另一个是一台计算机. 如果提问者无法通过问答来确定受问者中哪一个是人和哪一个是计算机，则认为此计算机已具有了和人一样的思维能力. 如今，计算机技术已经有了突飞猛进的发展，新型超级计算机的运算速度已达到每秒数百万亿次，并且能够在国际象棋较量中轻而易举地击败人类世界冠军，不过，还没有一台计算机能够通过图灵测验.

1952 年，图灵因同性恋事发被判有罪，被剥夺了从事国家机密工作的权利. 1954 年，图灵因氰化钾中毒而英年身亡. 人们后来说，如果当时的执法机关知道了图灵在二次大战中的重要贡献，也许不会对他加以严厉的处罚. 也有人说，如果图灵的同性恋在战前就被揭露的话，也许二次大战的胜利要推迟好多年.

为了纪念图灵对计算机科学奠基性的贡献，美国计算机协会于 1966 年设立了“图灵奖”，该奖被认为是计算机科学领域中的诺贝尔奖. 2001 年 6 月 23 日，一座图灵的雕像在英国曼彻斯特市的萨克维里公园落成. 2004 年夏，曼彻斯特大学成立了“阿兰 · 图灵研究所”，该研究所的目标是要成为以数学为核心的新学科研究的世界中心.

五、美国人的破译故事

作为 20 世纪的头等强国、二次世界大战同盟国的中坚，美国在与日本和德国的密码战中也取得了辉煌胜利. 这些胜利应归功于美国雄厚的工业基础、强大的技术力量、极有效率的组织结构以及美国人做事全力以赴的实干精神，此外，还应归功于英国布雷契莱庄园提供的关键帮助以及——不可缺少的——数学家的贡献.

美国海军造出破译“隐谜”密码的“炸弹”机

1941 年 12 月 7 日，日本偷袭美国的珍珠港；12 月 8 日，美英向日本宣战；12 月 9 日，中国政府向日德意三国宣战；12 月 11 日，德意两国向美国宣战；第二次世界大战全面爆发. 德国海军的 U–潜艇随即公开大肆袭击美国东部沿海的船队. 这些船队因没有军事护航和缺乏战争经验而蒙受重大损失. 更糟糕的是，由于德国海军突然在“隐谜”机中增加了一个转轮，而英国布雷契莱庄园的密码专家们一时还没有找到破解的方法，使得美英在大西洋被击沉的运输船数量大增. 在此局面下，美国军方决定自行研制破译德国海军“隐谜”密码的装置. 1942 年 5 月，美国海军与“全国现金出纳机公司”（National Cash Register Company, NCR）签订合同，成立“海军计算设备实验室”（Navy Computing Machine Laboratory），由NCR的工程师德什（Joseph Desch, 1907—1987）担任实验室的技术主任，负责制造破译“隐谜”的“炸弹”机. 1942 年 12 月，布雷契莱庄园已能够破解德国海军的 4 转轮“隐谜”机，但是，美国人仍然决定继续自己的研制计划.

英国人虽然并不赞同美国另起炉灶，但还是提供了不少帮助. 其实，美国军方曾经多次派代表访问英国布雷契莱庄园，其中有些人甚至常驻在那里，被分派到各个部门参与日常工作. 同时，布雷契莱庄园的人也曾经数次访问美国，与同行进行交流并提供咨询. 1942 年 12 月，图灵访问 OP–20–G（美国海军密码局的代号），期间被要求评估德什的工作. 图灵在他的报告中认为德什设计的装置从结构到部件存在许多问题，但并没有完全否定它. 美国海军的高层没有把这一报告给德什看，以避免给他浇冷水，但要求他做出改进. 不久，又调集了 200 名海军士兵和 600 名志愿紧急服役妇女队成员，参加制造和操作“炸弹”机的工作，以加快进度，布雷契莱庄园则派人对这些人员进行培训.

1943 年 5 月 18 日，德什设计的两台“炸弹”机原型，分别取名为“亚当”和“夏娃”，已能够破解德国海军的“隐谜”密码. 但是，它们不能稳定运转，时间一长，就会发生部件烧毁等故障. 这时，曾被派往布雷契莱庄园八号棚屋工作的美国青年数学家伊修斯（Joe Eachus）被任命为德什的副手，参与“炸弹”机的制造. 到该年夏天，美国海军的“炸弹”机正式投入使用.

美国海军“炸弹”机有 10 英尺宽、7 英尺高、2 英尺深，重 2.5 吨，其中包含 1 500 个电子管和 64

个“隐谜”机转轮（图 47）；这 64 个转轮分为 16 组，“炸弹”机正背面各有 8 组；每组有 4 个转轮，以模拟 4 转轮的德国海军“隐谜”机. 其运行速度比英国布雷契莱庄园的“炸弹”机快 25% 到 30%. 美国海军一共制造了 121 台“炸弹”机，都安装在华盛顿海军通信大楼副楼中，一天 24 小时不停地运转，共有 3000 多人负责操作和维护这些设备.

图 47　德什与他制造的美国海军“炸弹”机

同英国人一样，美国人也把从破译德国“隐谜”机所获得的情报当作“超级机密”，其采取的防范措施甚至比英国人更严厉. 在任命德什负责制造“炸弹”机之前，对其本人以及亲属的历史作了彻底的清查，甚至查到那些八竿子打不到的亲戚；正式任命后，要求他除了母亲之外不能和任何亲属来往；每天 24 小时，无论走到何处，都有人跟在后面或在附近. 所有相关的工作人员，都被要求宣誓保密，并威胁将以枪毙对待泄密者. 即使如此，工作人员只被允许熟悉与自己有关的那部分工作，他们当中谁也不知道“炸弹”机的整体结构和真正用途. 那些工作人员都忠实地履行了自己的誓言. 整整 50 年内, 外界没有人知道有关美国 "炸弹" 机破译德国 "隐谜" 机的事. 甚至到了 20 世纪 70 年代, 英国布雷契莱庄园的故事开始披露并传播开来, 美国保密局仍然在保持沉默. 直到 20 世纪 90 年代, 有关档案才解密, 当事人开始公开回忆往事. 年轻的美国人又佩服又惊讶地发现, 原来他们的老祖父和老祖母有那么一段不平凡的经历. 遗憾的是, 有些人没有等到荣耀的这一天, 就已经带着他们的誓言和秘密离开了这个世界.

破译日本"紫色"密码的"魔术"

"紫色" (purple) 是美国军队给日本外务省 (外交部) 在第二次世界大战期间使用的一种机械式密码所起的名字. 该密码产生装置的日文名称叫做"九七式欧文印字机 · 暗号机 B 型" (九七式英文加密打字机 B 型), 其中"九七"是指它于日本神武 2597 年 (即 1937 年) 成型. 那时美国人习惯用颜色来命名日本人的各种密码. 如此前日本外交官使用的密码被称为 "红色", 它其实是由 "九一式欧文印字机 · 暗号机 A 型" 产生.

"紫色" 密码机是一种步进开关式电气机械加密装置. 所谓步进开关是指一端输入多端输出的电信号控制开关, 当时常用于电话交换机中. "紫色" 的工作原理与德国转轮式加密的"隐谜"机有类似之处. 特别是, 它和"隐谜"机一样, 加密和解密过程完全是对称的, 即输入明文输出密文, 输入密文则输出明文. 但“紫色”把 6 个元音字母(A, E, I, O, U, Y)和 20 个辅音字母分开加密, 这是与“隐谜”的一大区别.

图 48　日本“紫色”密码机

“紫色”密码机由日本海军技术研究所的技师田道一雄设计制造. 据称曾请日本的著名代数学家高木贞治(1875—1960)评价, 得到答复说此机的密码有无数的变化, 不可能被破解. 日本政府相信了这位其实不大懂密码的大数学家的话, 正式启用“紫色”密码机.

事实上, “紫色”密码很快就被美国陆军所属的“信号情报局”(Signal Intelligence Service, SIS)破译, 其中的关键人物是弗里德曼(William F. Friedman, 1891—1969)和罗烈(Frank Byron Rowlett, 1908—1998).

弗里德曼堪称是美国密码界的教父. 他出生于俄国, 两岁就随父亲移居美国. 虽然在大学里学习的是农业和遗传学，却痴迷于密码学. 其夫人伊丽莎白也是位卓有成就的密码专家. 在第一次世界大战期间，弗里德曼因破译了在美国的印度激进分子所使用的密码而得到了美国政府的赏识. 于是他受聘负责培训从事密码工作的军官. 弗里德曼为此写了关于密码学的一系列经典教材. 1930 年，隶属于美国陆军的“信号情报局”成立，这其实是一个半官方的机构，其主要任务包括培训密码军官、制造军用密码机和破译密码. 该机构长期由弗里德曼经营和主持.

弗里德曼虽然不是数学专业出身，但他深深知道数学对于研究密码的重要性. 为此他学习并掌握了广泛的数学知识. 同时，他还注意招募数学专业的大学毕业生作为他的下属，并积极送他们回大学攻读数学博士学位. 弗里德曼曾发明利用统计学的 kappa 检验来破解转轮式密码机的方法.

罗烈于 1929 年获数学与化学学士学位，曾经当过数学教师，1930 年被弗里德曼招入刚成立一个月的 SIS，成为该组织中的第一位“初级密码员”. 罗烈很快就展现了在密码学上的才能. 1936 年，他在弗里德曼的领导下破译了日本的“红色”密码. 他还与弗里德曼合作研制了美国军用密码机 SIGABA，该密码机在二战期间从未被敌人破译过. SIGABA 同德国的“隐谜”机一样，也是使用转轮加密，但它有 15 个转轮，而“隐谜”机只用了三到四个.

1939 年，日本政府正式启用“紫色”密码以取代“红色”密码. 弗里德曼和罗烈带领 SIS 队伍奋战

18 个月，终于将“紫色”密码破解. 破解成功的原因包括：美国人正确地猜到了“紫色”是原先“红色”密码的改进，两者之间有很多共同之处；他们还根据“紫色”密码的特点，同样正确地猜到，它采用与电话交换机相同的步进开关方式来实现加密，于是研制了一台模拟“紫色”工作的装置，战后发现该装置与“紫色”密码机原型几乎完全一样. 同时，他们还利用“紫色”密码机使用中的漏洞和弱点：如元音字母和辅音字母分开加密，使加密强度削弱；日本人在改换密码的初期，有时把同样内容的电文分别用“红色”和“紫色”密码各发一遍，从而提供了理想的破解素材；另外，日本外交官电文的固定格式也提供了类似图灵用来破译德国“隐谜”的 crib.

图 49　破译日本“紫色”密码的弗里德曼和罗烈

在破解“紫色”密码时期，美国陆军和海军各自的密码机构 SIS 和 OP–20–G 曾联合派代表访问了英国的布雷契莱庄园. 英美两国的密码专家交流了破解德国“隐谜”和日本“紫色”的经验. 因此，英国人的帮助显然也是美国人取得成功一个原因. 事实上, 美国人破解“紫色”的许多手法与英国人破解“隐谜”的手法是一样的. 另外, 一些日本人声称: 美国人曾经从日本驻外使馆中偷偷复制了“紫色”密码机和有关的资料, 才导致该密码的破解.

美国政府和军队高层对破解“紫色”密码获得日本外交绝密情报惊喜异常,将其称为“魔术”(magic). 于是,“魔术”就成为这一情报来源的代名词. “魔术”使得美国政府能够及时洞察日本人的战略意图, 并在与日本政府的交涉和谈判中占得主动. 但是, 由于日本军队使用其他的密码, 所以只提供日本外交情报的“魔术”在军事上并不十分重要. “魔术”曾经破译了日本政府在偷袭珍珠港之前发给美国政府的最后通牒. 一些人因此声称美国政府事前知道日本人的偷袭计划, 因总统罗斯福的失职或另有图谋而使偷袭得逞. 但战后的调查表明,“魔术”中并没有透露日本海军计划偷袭珍珠港的信息. 有趣的是,“魔术”还为盟军提供了大量的关于德国的政治和军事情报. 日本驻德国柏林的大使大岛浩原是一名军官, 喜欢通过“紫色”向国内详尽汇报德军的部署和动向, 以及他与希特勒会面交谈的情况等. 他根本不知道自己同时也在给美国总统和英国首相做汇报.

为了纪念弗里德曼开创美国通信密码事业的功绩, 战后负责美国通信安全的国家安全局 (National Security Agency, 简称NSA) 在该局的“密码博物馆”中给他树立了一座雕像. 为了纪念罗烈对美国通信安全做出的重要贡献, 美国信息系统安全组织设立了它的最高荣誉奖——弗兰克·拜伦·罗烈奖.

破译日本海军的 JN 系列密码

在二次世界大战中，日本海军的不同船队在不同的场合使用不同的密码. 英美军方则将这些密码按 JN (Japanese Navy, 日本海军) 系列编号. 如 JN–11 是日本舰队的辅助密码，用以通报船只的动向和方位；JN–152 是用于广播航海警报的简单密码；JN–18 其实就是德国的“隐谜”密码，用于日德海军之间的通信；JN–25 则是日本联合舰队的高级密码，用于发布战略作战命令. 日本海军的这些密码大部分已经被 OP–20–G (美国海军密码局) 破解. OP–20–G 中负责破译日本海军密码的那个部门有 738 个人，领头人是精通日文和密码技术的海军上校罗谢夫（Joseph Rochefort, 1898—1976）.

其中破解 JN–25 对于美国海军取得对日本海军的中途岛战役的胜利有决定性影响. JN–25 于 1939 年 6 月 1 日开始使用. 它其实是一种较原始的手工密码，由 5 位一组的十进制数字组成，每组数字表示特定的含义，一共约有 4.5 万组数字. 有专门的密码本，供加密和解密时查询用. 图 50 是该密码本的片段.

为了加强保密，在发电报时，每组数字上还要覆盖一组随机数字，这些数字由另一本手册提供；收到密文后则先去掉随机数字，得到原数字后，再进行解读.

因此，使用 JN–25 需要一本密码手册和一本覆盖随机数字表. 这两本手册经常更换.

码	含义	码	含义
15072	臘	20817	[illegible]
97240	臘 [Kana]	00046	
71964	[illegible]	62580	
70932	此方(ヘ…)	16777	[illegible]
90978	[illegible]	36054	
18063		95091	[illegible]
60186	此(ノ) [Kana]	47740	[illegible]
95319	此ノ際	90652	[illegible]
19805	此ノ場合	07143	[illegible]
47948	此ノ分(…)	66063	
60580	此ノ後	38928	之
06006	此ノ様	99189	之ガ
44945	此ノ頃	72339	[illegible]
83072	此ノ方面	28397	之ヲ
73443	此ノ程	89878	之ニ
31788	此ノ外	37427	[illegible]
95184	此ノ附近	49515	[illegible]
10596	[illegible]	95733	[illegible]
74445	此ノ件	30258	[illegible]
69597	此ノ期間	24135	[illegible]
98211	此ノ機	07307	之ヲ
55603	此ノ機会	60688	[illegible]
05038	[illegible]	12219	[illegible]
61137	[illegible]	81024	[illegible]
10294	[illegible]	23949	[illegible]
39741	[illegible]	47107	[illegible]
76082	[illegible]	62831	[illegible]
40254	[illegible]	22426	之ト
11632	[illegible]	68433	[illegible]
72834	[illegible]	80148	[illegible]
03915	[illegible]	69963	[illegible]
24284	[illegible]	79274	[illegible]
57705	[illegible]	38987	[illegible]
74730	[illegible]	85149	[illegible]
12759	[illegible]	38001	[illegible]
50445	[illegible]	09294	[illegible]
00938	[illegible]	67926	[illegible]
43001	[illegible]	88932	[illegible]
27408	[illegible]	34714	[illegible]
57471	[illegible]	07781	[illegible]
95832	[illegible]	49778	
45535	[illegible]	74832	[illegible]
05384	[illegible]	33972	[illegible]
89943	[illegible]	69672	[illegible]
22268	[illegible]	79869	[illegible]

20	[illegible]	48581	[illegible]	34152	[illegible]

图 50　日本海军 JN–25 密码本片断

为了破解 JN–25, 罗谢夫等人使用了复分析等数学方法和 IBM 制表机等电气机械工具.

1942 年 5 月, OP–20–G 已大约破解了 10% 的 JN–25 密码. 美国人发现, 在最近一段时间内, 一个代号为“AF”的地名频繁出现在日本海军的来往密电中. 经分析认为，日本联合舰队在成功偷袭珍珠港之后，已把 AF 选做下一个攻击的目标，而AF很可能就是美国在太平洋重要的军事基地中途岛. 为了验证，美国人设计从中途岛发出“岛上缺水”的明文电报. 果然，很快收到了日本人用 JN–25 密码发出的“AF缺水”的电报. 美国太平洋舰队司令、海军上将尼米兹于是率舰队埋伏在中途岛附近，终于在 6 月 4 日，一举击败了日本海军大将山本五十六率领的联合舰队，扭转了战争局面.

事实上，除了美国以外，英国、荷兰和澳大利亚都参与了破解 JN–25 的工作，其中在英国布雷契莱庄园，被誉为破解人工密码第一高手的梯尔曼准将（见上一节）领导一个三人小组，早于美国人破解了JN–25 的密钥传递系统. 后来布雷契莱庄园与 OP–20–G 合作，成功地重建了 JN–25 的密码手册和覆盖随机数字表. 因有些材料尚未解密，关于破译 JN–25 的详细过程及使用方法目前仍然不很清楚.

余　音

1943年9月，意大利向盟军投降；1945年5月，德国向盟军投降. 1945年8月6日，美国在日本广岛投下第一颗原子弹，8月9日，第二颗原子弹也使长崎遭到灭顶之灾；8月8日，苏联对日宣战. 8月15日，日本天皇宣布无条件投降，第二次世界大战结束了.

大战的硝烟渐渐散去，数学家回到大学的课堂，前线的士兵成为新一代的大学生，人们迎来了向往已久的和平环境.

但是，战争遗留的阴影依然困扰着人们的生活. 原子弹带来的巨大灾难使许多科学家产生自责. 爱因斯坦为曾经上书罗斯福总统建议研制原子弹感到痛心，说这是一生中最大的错误和遗憾. 他甚至懊悔当初从事物理学研究：“早知如此，我宁可当个修表匠.”原子弹的制造者奥本海默陷入了深深的矛盾：一方面，原子弹是他心血的结晶也是他的骄傲；另一方面，原子弹的巨大杀伤力使他陷入了深深的负罪感之中. 他还曾自嘲：“我已变成了死神、大千世界的毁灭者.”1945年10月，奥本海默毅然辞职. 他说：“如果原子弹成为一个交战国的武器……人类将诅咒奥本海默这个名字……物理学家现在才知道什么是邪恶.”

二战结束，冷战开始. 以美国和苏联为首的两大阵营开始长达 50 年的对抗，而此时的美国已开始启动杀伤力更大的氢弹研制计划. 奥本海默由于表示坚决反对，招致美国政府的怀疑，指控他是苏联间谍. 虽然最终宣布他是一个忠诚的公民，但还是撤销了他的原子能委员会顾问一职，收回安全许可证，解除了一切公职，昔日的“原子弹之父”由政府高官们的座上宾沦落成了“华盛顿的弃儿”. 更有甚者，狂热的“麦卡锡主义”者罗织罪名，竟把罗森堡夫妇作为“原子间谍”送上了死刑电椅.

这使我们想到中国的控制论专家钱学森，曾因回国受到美国政府的百般刁难，也使我们想到不久前美国华裔科学家李文和在 60 岁时被诬为“核间谍”蒙冤入狱 9 个月. 正如“战争是政治的继续”，战争之后又是新一轮政治的开始. 即使在和平时期，战争的魔影依然在游荡.

冷战时期是苏美对抗，数学上同样是苏美争雄. 苏联虽然在总体经济实力上不如美国，但在数学成就上却旗鼓相当. 仅以数学控制论为例，维纳在二次大战中参与火炮自动控制研究，苏联的柯尔莫哥罗夫运用随机过程理论进行火炮自动追踪装置的设计，提出预测和滤波方法，成为数学控制论的另一位奠基者. 战后，苏联数学家庞特里雅金提出最优控制理论中的极大值原理，成为经典. 苏联在航天飞行和导弹控制方面能够和欧美竞争，与数学家的努力不可分.

1957 年，苏联率先发射第一颗人造卫星，引起美国朝野恐慌. 探寻苏联成功的原因，美国人发现苏联的基础教育占优，在中小学就培养了大批优秀后备军，然后进入大学，以至成为杰出的科技英才. 1958 年，美国国会通过“国防教育法”，触发了西方的一次教育革命，首当其冲的是数学教育改革，世称新数学运动. 改革后的数学教材，充满了现代数学气息，集合语言，二进制，群、环、域，交换律等一股脑下放中小学. 数学改革一时间风靡西方世界，持续了十年之久. 1970 年代发现这样做会拔苗助长，认为忽视基础训练是不可取的，于是提出“回到基础”的口号. 但是，这场数学改革的影响一直持续到今天. 出自“国防”需要触发基础教育改革，前所未有，自然成为一段引人深思的历史.

在数学界，获得菲尔兹奖是最高的荣誉. 回顾冷战时代，苏联数学家尽管人才辈出，却很少有菲尔兹奖获得者. 仅有的两位是诺维科夫（S.P. Novikov, 1970 年在法国尼斯举行的第 16 届国际数学家大会）以及马古利斯（G.A. Margulis, 1976 年在赫尔辛基举行的第 18 届国际数学家大会）. 由于苏联的抵制，马古利斯甚至不能到大会现场领奖. 1985 年苏联的戈尔巴乔夫主政之后，情况发生改变. 苏联解体后大批苏联的数学家访问美国，甚至移居美国和西欧，典型的例子是苏联的数学名家盖尔范德（I.M. Gelfand）以 70 高龄赴美国 Rutglas 大学任教.

但是，仍然有世界顶级的大数学家留在俄罗斯，例如阿诺德（V.I. Arnol’d)，他主要供职于莫斯科的斯捷克洛夫数学研究所，同时在巴黎也有职位.

I.M.盖尔范德

V.I. 阿尔诺德

冷战结束后，苏联数学家的工作被大家所了解，许多在苏联受教育的数学家频频访问美国，以至成为新一代的移民. 于是在菲尔兹奖获得者名单中，每届都有出自苏联的数学家. 仅此一端，可见苏联数学学派的强大.

1990 年以来在苏联受教育的菲尔兹奖获得者简况

年份	当年获奖人数	其中在苏联受教育的获奖者	简历及获奖时的任职场所
1990	4	V.G.Drinfeld	获奖时任职于苏联科学院乌克兰分院的低温物理与工程研究所
1994	4	Efim I.Zalmanov	1980 年毕业于新西伯利亚大学，1990 年移居美国. 获奖时为美国芝加哥大学教授
1998	4	Maxim Kontsevich	毕业于莫斯科国立大学. 1992 年在波恩大学获得博士学位. 获奖时任职于法国高等科学研究院
2002	2	Vladimir Voevodsky	1989 年毕业于莫斯科大学，1992 年在哈佛大学获得博士学位. 获奖时为美国普林斯顿高等研究院成员
2006	4	Andrei Okounkov, Grigory Perelman（拒绝领奖）	1995 年在莫斯科大学获得博士学位. 获奖时任美国普林斯顿大学教授，在列宁格勒大学（现圣彼得堡大学）获博士学位. 曾多年在圣彼得堡斯捷克洛夫数学研究所供职. 20 世纪 90 年代多次访问美国

中国应该怎样培养自己的数学人才，苏联是一面镜子.

“数学无国界”，国际数学教育委员会出版的一本描述该会历史的著作，即以此为书名[①]. 数学需要和平的环境，数学属于全人类. 但是，数学家则是有国界的，尤其是在战争时期. 数学文化是人类社会的产物，必然打上那个时代的烙印，包括政治的影响、经济的支撑、战争的阴影、强权的制约.

我们希望，世界能够拥有持久的和平，摆脱战争的威胁，数学也就能够真正迎来“数学无国界”的这一天.

---

① Olli Lehto: Mathematics Without Borders: A History of the International mathematical Union. Springer, 1998. 中译本:《数学无国界——国际数学联盟的历史》(王善平译，张奠宙校)

参 考 文 献

[1] 康托洛维奇. 最优规划论文集[M]. 王铁生, 译. 北京: 商务印书馆, 1984.

[2] 康托洛维奇. 生产组织和计划中的数学方法[M]. 北京: 科学出版社, 1959.

[3] Albert D, Reid C. An Interview with George B. Dantzig, The Father of Linear Programming[M]. //Albers D. Reid. C: More Mathematical People. New York: Academic Press, 1990: 61~81.

[4] Rosser J B. Mathematics and Mathematicians in World War Ⅱ[J]. Notices of AMS, 1995.

[5] MacLane S.Mathematicians in World War Ⅱ: The group of Columbia [M].//Duren P. ed. A century of mathematics in America (Part Ⅲ). Providence: American Mathematical Society.

[6] 维纳. 昔日神童——我的童年和青年时期[M]. 雪福, 译. 上海: 上海科学技术出版社, 1982.

[7] 维纳. 我是一个数学家[M]. 周昌忠, 译. 上海: 上海科学技术出版社, 1987.

[8] Terison D, Stroock D.Norbert Wiener [J]. Notices of AMS, 1995, 42(4).

[9] 杨泰俊, 等. 冯·诺伊曼和维纳[M]. 上海: 上海科学技术文献出版社, 1994.

[10] Frederick William Winterbotham. The Ultra Secret [M]. London: Harpercollins, 1974. (中译本: (英) 温特博瑟姆著, 梁平甫,等译. 超级机密. 北京: 外语教学与研究出版社, 1981.)

[11] Slawo Wesolkowski. The Invention of Enigma and How the Polish Broke It Before the Start of WW Ⅱ. http: //www. ieee. org/ organizations / history_ center/cht_papers/wesolkowski.pdf

[12] David Kahn. Seizing the Enigma: The Race to Break the German U-Boat Codes, 1939-1943. Boston: Houghton Mifflin, 1991.

[13] Marian Rejewski. An Application of the Theory of Permutations in Breaking the Enigma Cipher. Applicaciones Mathematicae, 1980, 16(4).

[14] 布雷契莱庄园的网页.http://www.bletchleypark.org.uk.

[15] 图灵的网页. http://www.turing.org.uk.

[16] 美国国家安全局/中央安全局 (National Security Agency/Central Security Service) 网站: http://www.nsa.gov.

[17] Jennifer Wilcox. Solving the Enigma: History of the Cryptanalytic Bombe. http://www.nsa.gov/history/.

[18] David Mowry. German Cipher Machines of World War Ⅱ. 2003. http://www.nsa.gov/ history.

[19] Gordon Welchman. The Hut Six Story: Breaking the Enigma Codes [M]. New York: McGraw-Hill, 1982.

[20] Alexander H. Cryptographic History of Work on the German Naval Enigma. http://www.ellsbury.com.

[21] The Emperor's Codes: Bletchley Park's Role in Breaking Japan's Secret Ciphers [M]. London: Bantam, 2001.

[22] Frank B. Rowlett. The Story of Magic——Memoirs of an American Cryptologic Pioneer [M]. Laguna Hills, CA: Aegean Press, 1999.